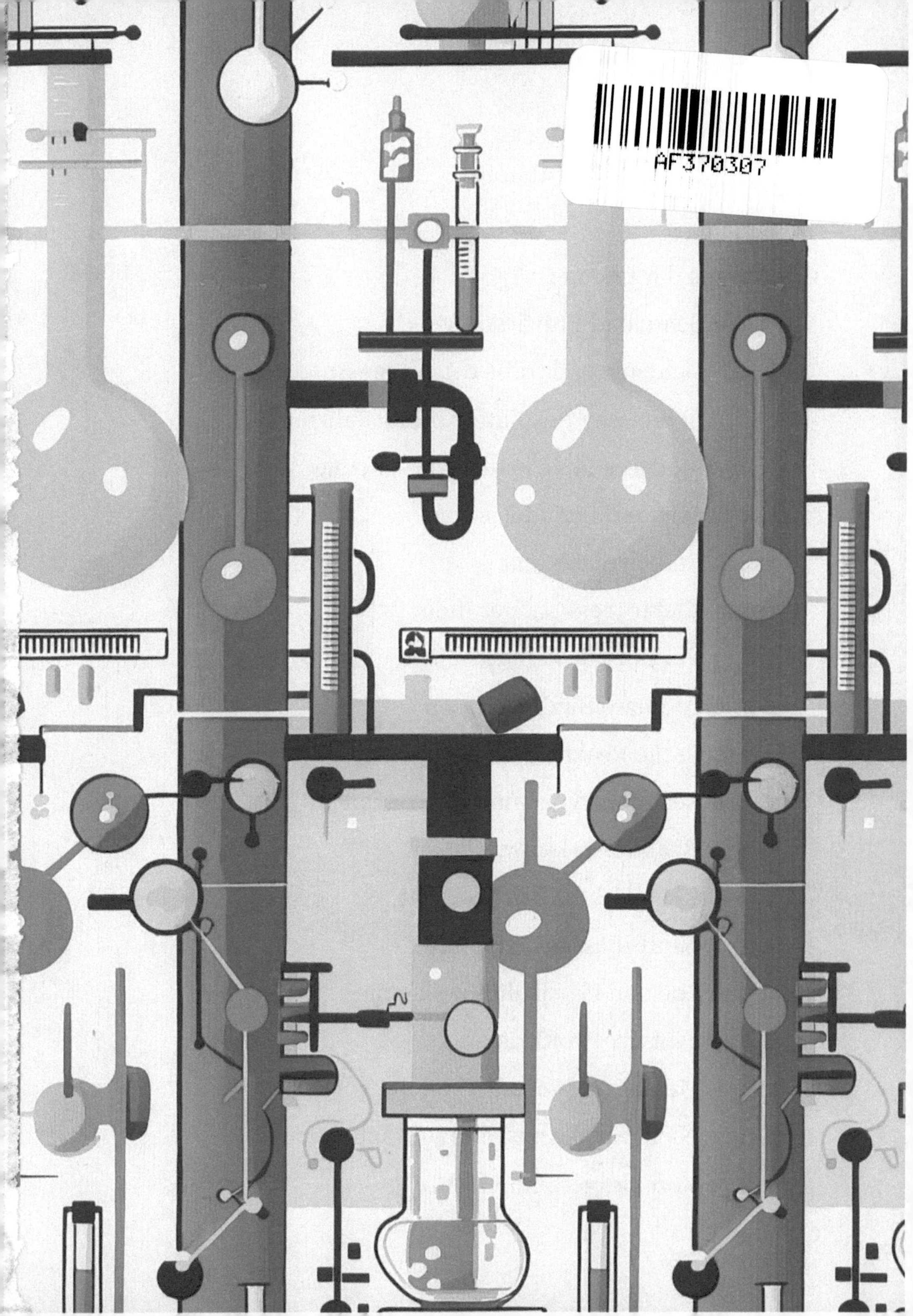

AF370307

Inhaltsverzeichnis

Artemis Saage

Chemie Grundlagen für Studium: Das umfassende Chemie Buch für Schule und Universität

Von organischer Chemie bis Thermodynamik - Chemie einfach erklärt für Anfänger und Fortgeschrittene mit allen wichtigen Grundlagen

239 Quellen
37 Fotos / Grafiken
12 Illustrationen

Impressum

Saage Media GmbH
c/o SpinLab – The HHL Accelerator
Spinnereistraße 7
04179 Leipzig, Germany
E-Mail: contact@SaageMedia.com
Web: SaageMedia.com
Commercial Register: Local Court Leipzig, HRB 42755 (Handelsregister: Amtsgericht Leipzig, HRB 42755)
Managing Director: Rico Saage (Geschäftsführer)
VAT ID Number: DE369527893 (USt-IdNr.)

Publisher: Saage Media GmbH
Veröffentlichung: 01.2025
Umschlagsgestaltung: Saage Media GmbH
ISBN-Softcover: 978-3-384-46179-7
ISBN-Ebook: 978-3-384-46180-3

Liebe Leserinnen, liebe Leser,

von Herzen danke ich Ihnen, dass Sie sich für dieses Buch entschieden haben. Mit Ihrer Wahl haben Sie mir nicht nur Ihr Vertrauen geschenkt, sondern auch einen Teil Ihrer wertvollen Zeit. Das weiß ich sehr zu schätzen.
Chemie begegnet uns überall - von der Medizin bis zur Materialforschung. Doch der Einstieg in dieses faszinierende Fachgebiet stellt viele Studierende vor Herausforderungen. Dieses umfassende Lehrbuch führt systematisch durch alle wichtigen Bereiche der Chemie: von den atomaren Grundlagen über organische Verbindungen bis hin zu komplexen thermodynamischen Prozessen. Dabei werden theoretische Konzepte anhand praktischer Beispiele verständlich erklärt. Sie lernen die fundamentalen Zusammenhänge der Chemie kennen und entwickeln ein tiefes Verständnis für chemische Reaktionen und Prozesse. Das Buch eignet sich sowohl für das Selbststudium als auch zur Prüfungsvorbereitung und bietet: - Strukturierte Erklärungen komplexer Sachverhalte - Zahlreiche Übungsaufgaben mit Lösungen - Praxisrelevante Beispiele aus Forschung und Industrie - Moderne analytische Methoden und Labortechniken Ein solides Fundament in den chemischen Grundlagen ist der Schlüssel für Ihr erfolgreiches Studium und Ihre berufliche Zukunft. Starten Sie jetzt Ihre Reise durch die faszinierende Welt der Chemie - mit einem Lehrbuch, das Wissenschaft greifbar macht.
Ich wünsche Ihnen nun eine inspirierende und aufschlussreiche Lektüre. Sollten Sie Anregungen, Kritik oder Fragen haben, freue ich mich über Ihre Rückmeldung. Denn nur durch den aktiven Austausch mit Ihnen, den Lesern, können zukünftige Auflagen und Werke noch besser werden. Bleiben Sie neugierig!

Artemis Saage
Saage Media GmbH

- support@saagemedia.com
- Spinnereistraße 7 - c/o SpinLab – The HHL Accelerator, 04179 Leipzig, Germany

Einleitung

Um Ihnen die bestmögliche Leseerfahrung zu bieten, möchten wir Sie mit den wichtigsten Merkmalen dieses Buches vertraut machen. Die Kapitel sind in einer logischen Reihenfolge angeordnet, sodass Sie das Buch von Anfang bis Ende durchlesen können. Gleichzeitig wurde jedes Kapitel und Unterkapitel als eigenständige Einheit konzipiert, sodass Sie auch gezielt einzelne Abschnitte lesen können, die für Sie von besonderem Interesse sind. Jedes Kapitel basiert auf sorgfältiger Recherche und ist durchgehend mit Quellenangaben versehen. Sämtliche Quellen sind direkt verlinkt, sodass Sie bei Interesse tiefer in die Thematik eintauchen können. Auch die im Text integrierten Bilder sind mit entsprechenden Quellenangaben und Links versehen. Eine vollständige Übersicht aller Quellen- und Bildnachweise finden Sie im verlinkten Anhang. Um die wichtigsten Informationen nachhaltig zu vermitteln, schließt jedes Kapitel mit einer prägnanten Zusammenfassung. Fachbegriffe sind im Text unterstrichen dargestellt und werden in einem direkt darunter platzierten, verlinkten Glossar erläutert.

Für einen schnellen Zugriff auf weiterführende Online-Inhalte können Sie die QR-Codes mit Ihrem Smartphone scannen.

Zusätzliche Bonus-Materialien auf unserer Website
Auf unserer Website stellen wir Ihnen folgende exklusive Materialien zur Verfügung:

- Bonusinhalte und zusätzliche Kapitel
- Eine kompakte Gesamtzusammenfassung
- Eine PDF-Datei mit allen Quellenangaben
- Weiterführende Literaturempfehlungen

Die Website befindet sich derzeit noch im Aufbau.

SaageBooks.com/de/chemie_fuer_schule_und_studium-bonus-9YAKXE

1. Grundlagen der Chemie

ie Chemie ist eine faszinierende Wissenschaft, die uns hilft zu verstehen, wie die Welt im Innersten zusammenhält. Von den frühen alchemistischen Experimenten bis zur modernen Nanotechnologie hat sie unsere Zivilisation grundlegend geprägt und verändert. Doch wie entstehen neue Materialien? Warum reagieren manche Stoffe heftig miteinander, während andere sich scheinbar nicht beeinflussen? Und welche Rolle spielen dabei die unsichtbaren Teilchen, aus denen alle Materie aufgebaut ist? Die Grundlagen der Chemie bilden das Fundament für das Verständnis komplexer chemischer Prozesse - sei es bei der Entwicklung neuer Medikamente, der Optimierung industrieller Verfahren oder der Erforschung nachhaltiger Energiequellen. Dieses Kapitel führt systematisch in die wichtigsten Konzepte ein: von der historischen Entwicklung über den Aufbau der Atome bis hin zu den fundamentalen Prinzipien chemischer Reaktionen. Das Verständnis dieser Grundlagen eröffnet nicht nur den Zugang zu den folgenden Kapiteln, sondern ermöglicht auch einen neuen Blick auf alltägliche Phänomene. Tauchen Sie ein in die Welt der Moleküle und entdecken Sie, wie chemische Prinzipien unser Leben täglich beeinflussen.

1. 1. Geschichte und Entwicklung

ie Geschichte der Chemie ist mehr als eine bloße Aneinanderreihung von Entdeckungen – sie spiegelt die fundamentale Entwicklung des menschlichen Verständnisses von Materie und deren Umwandlungen wider. Wie gelangten wir von mystischen Vorstellungen der Alchemie zu den präzisen wissenschaftlichen Methoden der modernen Chemie? Welche Rolle spielten kulturübergreifende Einflüsse bei der Entwicklung chemischer Konzepte? Von den ersten systematischen Überlegungen der griechischen Philosophen über die bedeutenden Beiträge arabischer Gelehrter bis hin zur chemischen Revolution des 18. Jahrhunderts zeigt sich ein faszinierender Wandel der Denkweisen und Methoden. Die Transformation von der Alchemie zur modernen Chemie verlief dabei keineswegs geradlinig, sondern war geprägt von Irrtümern, Durchbrüchen und paradigmatischen Wendepunkten. Besonders bemerkenswert ist, wie sich aus den oft als unwissenschaftlich abgetanen alchemistischen Praktiken moderne Laborverfahren entwickelten. Viele grundlegende Techniken, die heute selbstverständlich erscheinen, haben ihre Wurzeln in den Werkstätten der Alchemisten. Die Entwicklung der chemischen Wissenschaft zeigt eindrucksvoll, wie aus empirischen Beobachtungen systematische Theorien entstanden – ein Prozess, der bis heute andauert und unser Verständnis der materiellen Welt kontinuierlich erweitert.

„Die arabische Welt leistete entscheidende Beiträge zur Entwicklung der Alchemie - Wissenschaftler wie Al-Razi und Jabir ibn Hayyan entdeckten fundamentale chemische Substanzen wie Salzsäure, Schwefelsäure und Salpetersäure.“

1. 1. 1. Alchemie und frühe chemische Entdeckungen

ie Geschichte der Chemie beginnt mit der <u>Alchemie</u>, einer faszinierenden Mischung aus praktischer Wissenschaft, Philosophie und mystischen Vorstellungen [s1]. Die ersten systematischen Überlegungen zur Beschaffenheit der Materie gehen auf die griechischen Philosophen zurück, die um 400 v. Chr. die Vier-Elemente-Lehre entwickelten: Alle Materie bestehe aus Wasser, Erde, Feuer und Luft [s2]. Parallel dazu formulierten Demokritos und Leucippos bereits die revolutionäre Idee der "atomos" - unteilbare Teilchen als Grundbausteine der Materie [s3]. Die arabische Welt leistete entscheidende Beiträge zur Entwicklung der Alchemie. Wissenschaftler wie Al-Razi und Jabir ibn Hayyan entdeckten fundamentale chemische Substanzen wie Salzsäure, Schwefelsäure und Salpetersäure. Sie perfektionierten auch die <u>Destillation</u>, eine Technik, die noch heute in modernen Laboratorien Anwendung findet [s4]. Ein praktisches Beispiel ihrer Errungenschaften ist die Destillation von Rosenöl, die sie entwickelten und die bis heute in der Parfümherstellung verwendet wird.

Die mittelalterlichen Alchemisten, oft als Mystiker abgetan, waren in Wirklichkeit ernsthafte Forscher [s2]. Sie entwickelten ausgeklügelte Laboratorien, die sowohl für alchemistische als auch <u>metallurgische</u> Untersuchungen genutzt wurden [s5]. Ein faszinierendes Beispiel ihrer praktischen Arbeit findet sich in der Entwicklung synthetischer <u>Pigmente</u>. Archäologische Funde belegen unterschiedliche Herstellungsmethoden in China und Griechenland [s6], die die Grundlage für moderne Farbstofftechnologien bildeten.

Pigmente [i1]

Die chinesische Alchemie konzentrierte sich besonders auf die medizinische Anwendung von Kräutern und natürlichen Heilmitteln. Diese Tradition legte den Grundstein für viele moderne pflanzliche Arzneimittel und beeinflusst bis heute die Pharmaindustrie [s7]. Ein praktisches Beispiel ist die Verwendung von Ginkgo biloba, dessen medizinische Wirkung bereits von chinesischen Alchemisten erkannt wurde. Ein Wendepunkt in der Geschichte der Chemie war das Wirken von Robert Boyle im 17. Jahrhundert. Er führte quantitative Experimente ein und betonte die Bedeutung der Reproduzierbarkeit - Prinzipien, die heute fundamentale Säulen der wissenschaftlichen Methodik sind [s8]. Seine Arbeiten zur Beziehung zwischen Druck und Volumen von Gasen sind ein hervorragendes Beispiel für den Übergang von der alchemistischen zur wissenschaftlichen Denkweise. Die Entwicklung setzte sich mit bedeutenden Entdeckungen fort: Joseph Priestley identifizierte Sauerstoff, Antoine Lavoisier klärte die wahre Natur der Verbrennung auf, und Joseph Proust formulierte das Gesetz der konstanten Proportionen [s2]. Diese Erkenntnisse bilden das Fundament der modernen Chemie und finden praktische Anwendung in zahllosen industriellen Prozessen. Ein besonders interessanter Aspekt ist die Entwicklung der Laboratorien von alchemistischen Werkstätten zu modernen Forschungseinrichtungen [s5]. Die ursprünglichen alchemistischen Laboratorien waren oft geheime, mystisch anmutende Orte. Heute können wir viele ihrer Techniken in modernen Laboren wiedererkennen: Destillationsapparaturen, Schmelztiegel und Mörser sind nach wie vor grundlegende Werkzeuge der chemischen Forschung. Die Alchemisten hinterließen auch ein reiches Erbe an praktischem Wissen über Materialeigenschaften und Transformationen [s9]. Ihre Methoden zur Metallverarbeitung und Stofftrennung bildeten die Grundlage für viele moderne industrielle Prozesse. Ein praktisches Beispiel ist die Kupfergewinnung aus Erzen, die bereits von mittelalterlichen Alchemisten praktiziert wurde und deren Grundprinzipien noch heute Anwendung finden.

Laboratorium [i2]

Glossar

Alchemie

Vorläufer der modernen Chemie, die neben chemischen Experimenten auch spirituelle und philosophische Aspekte vereinte. Bekannt für die Suche nach dem 'Stein der Weisen' und das Ziel, unedle Metalle in Gold zu verwandeln.

Destillation

Trennverfahren zur Reinigung von Flüssigkeiten durch Verdampfen und anschließendes Kondensieren. Wird heute noch in der Erdölverarbeitung und Spirituosenherstellung eingesetzt.

Metallurgie

Wissenschaft und Technik der Metallgewinnung, -verarbeitung und -veredelung. Umfasst heute moderne Verfahren wie Elektrolyse und Pulvermetallurgie.

Pigment

Farbgebende Substanzen, die sich im Gegensatz zu Farbstoffen nicht im Anwendungsmedium lösen. Moderne Pigmente werden heute auch für Displays und Solarzellen verwendet.

1. 1. 2. Chemische Revolution im 18. Jahrhundert

ie chemische Revolution im 18. Jahrhundert markiert einen fundamentalen Wendepunkt in der Geschichte der Wissenschaft. Sie kennzeichnet den Übergang der Chemie von einer weitgehend <u>empirischen</u> zu einer systematischen Wissenschaft [s10]. Diese Transformation vollzog sich nicht abrupt, sondern als komplexer Prozess der Wechselwirkung zwischen verschiedenen wissenschaftlichen Disziplinen. Antoine-Laurent Lavoisier, der als "Vater der modernen Chemie" gilt, spielte eine Schlüsselrolle in dieser Revolution [s11]. Seine <u>akribische</u> Arbeitsweise, die sich durch systematische Gewichtsmessungen von Reaktanden und Produkten auszeichnete, führte zu bahnbrechenden Erkenntnissen. Ein praktisches Beispiel seiner Methodik findet sich in seinen Verbrennungsexperimenten: Durch präzise Massenbilanzen konnte er nachweisen, dass bei chemischen Reaktionen die Masse erhalten bleibt - ein Prinzip, das heute als Massenerhaltungssatz bekannt ist und die Grundlage für moderne chemische

Antoine-Laurent Lavoisier [i3]

Prozessberechnungen bildet. Die Revolution brachte auch eine fundamentale Neuordnung der chemischen <u>Nomenklatur</u> mit sich [s12]. Lavoisier entwickelte ein logisches Benennungssystem für chemische Verbindungen, das die Zusammensetzung der Stoffe widerspiegelte. Diese systematische Nomenklatur ermöglichte eine präzisere wissenschaftliche Kommunikation und wird in modernisierter Form bis heute verwendet. Ein anschauliches Beispiel ist die Benennung von Säuren und ihren Salzen: Während vorher willkürliche Namen üblich waren, führte Lavoisier eine systematische Namensgebung ein, die die chemische Zusammensetzung reflektiert. Ein besonders wichtiger Aspekt der chemischen Revolution war die Neubewertung fundamentaler Konzepte [s13]. Die revolutionäre Erkenntnis, dass Wasser keine elementare Substanz, sondern eine Verbindung aus Wasserstoff und Sauerstoff ist, erschütterte das bisherige Verständnis der Materie. Diese Entdeckung hat praktische Auswirkungen bis in die Gegenwart: Das Verständnis der Wasserzusammensetzung ist fundamental für viele moderne Technologien, von der Wasseraufbereitung bis zur Brennstoffzellentechnologie. Die chemische Revolution entwickelte sich im Kontext der Aufklärung [s14], was sich in einer neuen wissenschaftlichen Methodik niederschlug. Die Betonung lag nun auf quantitativen Messungen und reproduzierbaren Experimenten. Lavoisiers Laboratorium wurde zum Vorbild für moderne wissenschaftliche Einrichtungen: Seine Versuchsanordnungen waren so präzise dokumentiert, dass sie noch heute nachvollzogen werden können. Die Transformation der Chemie verlief nicht linear, sondern war von verschiedenen Interpretationsphasen geprägt [s15]. Die anfängliche positivistische Sichtweise, die einen klaren Bruch zwischen "alter" und "neuer" Chemie postulierte, wurde später durch differenziertere Betrachtungen ergänzt. Diese Entwicklung zeigt sich beispielsweise in der modernen Laborpraxis, wo traditionelle Methoden und moderne Analytik oft synergetisch kombiniert werden. Lavoisiers wissenschaftliches Erbe ist beeindruckend: Er identifizierte 33 chemische Elemente und schuf damit die Basis für das moderne Periodensystem [s11]. Seine tragische Hinrichtung während der Französischen Revolution unterbrach zwar seine persönliche Forschung, konnte aber den Siegeszug der von ihm initiierten wissenschaftlichen Revolution nicht aufhalten. Die chemische Revolution führte auch zu einem neuen Verständnis der Beziehung zwischen Chemie und Physik [s10]. Die ursprüngliche Annahme einer strikten Trennung dieser Disziplinen wich der Erkenntnis ihrer komplexen Wechselwirkungen. Diese Erkenntnis spiegelt sich heute in interdisziplinären Forschungsgebieten wie der physikalischen Chemie wider.

Glossar

Akribisch

Bezeichnet eine besonders genaue, sorgfältige und detailgetreue
Arbeitsweise, bei der nichts übersehen wird

Empirisch

Beschreibt eine Vorgehensweise, die auf Beobachtungen und
Erfahrungen basiert, ohne zunächst theoretische Grundlagen zu
haben

Nomenklatur

Ein festgelegtes System von Bezeichnungen und Benennungsregeln
in einer Wissenschaft

Positivistisch

Eine wissenschaftliche Denkrichtung, die sich ausschließlich auf
nachweisbare Tatsachen und messbare Phänomene stützt

Synergetisch

Beschreibt das Zusammenwirken verschiedener Faktoren, die sich
gegenseitig verstärken und zu einem besseren Gesamtergebnis
führen

1. 1. 3. Moderne Meilensteine der Chemie

ie moderne Chemie hat seit dem 20. Jahrhundert bahnbrechende Entwicklungen erlebt, die unsere Welt fundamental verändert haben. Ein entscheidender Wendepunkt war die Entdeckung des ersten vollsynthetischen Kunststoffs im Jahr 1907, der das "Zeitalter der Kunststoffe" einläutete [s16]. Diese Innovation ermöglichte die Massenproduktion völlig neuartiger Produkte und prägt bis heute unseren Alltag - von Verpackungsmaterialien bis hin zu medizinischen Implantaten. Die Entwicklung der synthetischen organischen Chemie, die 1828 mit der Harnstoffsynthese begann [s17], revolutionierte unser Verständnis der Stoffumwandlung. Diese Entdeckung widerlegte die damals vorherrschende <u>Vitalismus-Theorie</u> und ebnete den Weg für die moderne Pharmaindustrie. Ein praktisches Beispiel dafür ist die Entwicklung zielgerichteter Medikamente in den 1970er Jahren, die spezifisch auf bestimmte Enzyme wirken [s17]. Ein weiterer Meilenstein war die Weiterentwicklung des Periodensystems in den 1940er Jahren, als die <u>Actinidengruppe</u> neu eingeordnet und die ersten transuranischen Elemente synthetisiert wurden [s18]. Die Entdeckung dieser künstlichen Elemente demonstriert eindrucksvoll die Fähigkeit der modernen Chemie, die Grenzen des natürlich Vorkommenden zu überschreiten.

Die Nanotechnologie markiert einen der bedeutendsten Fortschritte der modernen Chemie. Bereits 1857 entdeckte Faraday das <u>kolloidale</u> Gold [s19], aber erst die Entwicklung hochauflösender Mikroskopietechniken wie des <u>Rastertunnelmikroskops</u> 1981 ermöglichte die gezielte Manipulation einzelner Atome. Ein faszinierendes Beispiel dafür ist die Arbeit von Eigler und Schweizer, die 1989 einzelne Xenonatome so anordneten, dass

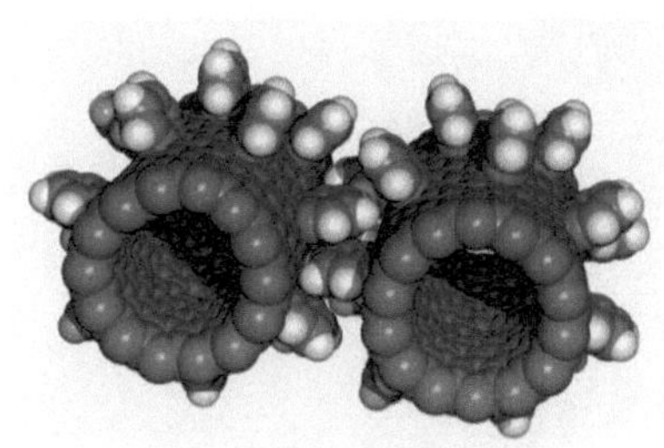

Nanotechnologie [i4]

sie ein Logo bildeten [s19]. Die Entdeckung von Kohlenstoffnanoröhrchen durch Iijima 1991 [s19] eröffnete völlig neue Perspektiven für Materialwissenschaften und Elektronik. Diese Strukturen finden heute Anwendung in der Entwicklung ultraleichter und hochfester Materialien. Ein aktuelles Beispiel ist der Einsatz von Lipid-Nanopartikeln als Wirkstoffträger in der modernen Medizin [s19]. Die forensische Chemie entwickelte sich ebenfalls zu einem wichtigen Zweig der modernen Chemie. Der Marsh-Test von 1836 zur Arsenerkennung [s20] legte den Grundstein für die chemische Forensik. Diese Entwicklung zeigt exemplarisch, wie chemische Analysemethoden zur Aufklärung von Verbrechen beitragen können. Die Entwicklung der Halbleitertechnologie, gekennzeichnet durch die Erfindung des Transistors 1947 [s19], revolutionierte nicht nur die Elektronik, sondern auch die analytische Chemie. Moores Gesetz von 1965 [s19] prognostizierte die exponentiell wachsende Leistungsfähigkeit integrierter Schaltkreise, was die Entwicklung immer präziserer Analysemethoden ermöglichte. Ein besonders aktueller Aspekt ist die Entwicklung von <u>Quantenpunkten</u>, für deren Entdeckung und Synthese 2023 drei Wissenschaftler ausgezeichnet wurden [s19]. Diese Nanomaterialien finden Anwendung in modernen Displays und medizinischer Bildgebung, was die praktische Relevanz grundlegender chemischer Forschung unterstreicht. Die moderne Chemie hat auch zur Entwicklung umweltfreundlicherer Prozesse beigetragen. Die Entdeckung nanostrukturierter Katalysatormaterialien 1992 [s19] ermöglichte effizientere und ressourcenschonendere chemische Reaktionen. Ein praktisches Beispiel ist die Entwicklung von Katalysatoren für die Abgasreinigung in Automobilen.

kolloidale Gold [i5]

vollsynthetischer Kunststoff [i6]

Glossar

Actinide
Eine Reihe radioaktiver metallischer Elemente mit den
Ordnungszahlen 89 bis 103, benannt nach dem Element Actinium

Kolloid
Fein verteilte Teilchen in einem anderen Medium, die eine Größe
zwischen 1 Nanometer und 1 Mikrometer aufweisen

Quantenpunkt
Winzige Halbleiterstrukturen, die aufgrund ihrer geringen Größe
quantenmechanische Eigenschaften zeigen und Licht in definierten
Farben aussenden können

Rastertunnelmikroskop
Ein hochauflösendes Mikroskop, das die Oberfläche von Materialien
mittels einer feinen Metallspitze und des quantenmechanischen
Tunneleffekts abtastet

Vitalismus
Eine historische Lehre, die besagte, dass organische Stoffe nur von
Lebewesen hergestellt werden können und sich grundsätzlich von
anorganischen Stoffen unterscheiden

Zusammenfassung - 1. 1. Geschichte und Entwicklung

- Die Vier-Elemente-Lehre der griechischen Philosophen um 400 v. Chr. prägte das frühe Verständnis der Materie
- Al-Razi und Jabir ibn Hayyan entdeckten fundamentale Säuren wie Salzsäure, Schwefelsäure und Salpetersäure
- Chinesische Alchemisten legten mit Kräuterheilkunde den Grundstein für moderne pflanzliche Arzneimittel
- Robert Boyle führte im 17. Jahrhundert quantitative Experimente und das Prinzip der Reproduzierbarkeit ein
- Lavoisier identifizierte 33 chemische Elemente und entwickelte ein systematisches Benennungssystem für chemische Verbindungen
- Die Widerlegung von Wasser als Element erschütterte das bisherige Materienverständnis grundlegend
- Die Harnstoffsynthese von 1828 widerlegte die Vitalismustheorie
- Die Entdeckung des ersten vollsynthetischen Kunststoffs 1907 läutete das "Zeitalter der Kunststoffe" ein
- Die Actinidengruppe wurde in den 1940er Jahren neu eingeordnet und die ersten transuranischen Elemente synthetisiert
- Faraday entdeckte 1857 kolloidales Gold, was später zur Entwicklung der Nanotechnologie beitrug
- Der Marsh-Test von 1836 legte den Grundstein für die chemische Forensik
- Die Entdeckung von Kohlenstoffnanoröhrchen 1991 revolutionierte die Materialwissenschaften
- Quantenpunkte wurden 2023 mit dem Nobelpreis gewürdigt und finden Anwendung in modernen Displays

1. 2. Atombau und Periodensystem

Wie entstehen die charakteristischen Eigenschaften der chemischen Elemente? Warum reagieren manche Stoffe heftig miteinander, während andere völlig inert bleiben? Die Antworten auf diese fundamentalen Fragen liegen im Aufbau der Atome und ihrer systematischen Anordnung im Periodensystem der Elemente. Die Erforschung der atomaren Struktur hat unser Verständnis der Materie revolutioniert. Von Rutherfords bahnbrechenden Streuexperimenten bis zur modernen Quantenmechanik enthüllt sich ein faszinierendes Bild der submikroskopischen Welt. Dabei zeigt sich, dass die Position eines Elements im Periodensystem direkt mit seiner Elektronenkonfiguration zusammenhängt und seine chemischen und physikalischen Eigenschaften bestimmt. Die Kenntnis des Atombaus und der periodischen Eigenschaften bildet das Fundament für das Verständnis chemischer Bindungen und Reaktionen. Sie ermöglicht es uns, das Verhalten von Stoffen vorherzusagen und gezielt neue Materialien mit maßgeschneiderten Eigenschaften zu entwickeln.

„Die Elektronenkonfiguration eines Atoms folgt präzisen quantenmechanischen Regeln und wird durch vier Quantenzahlen charakterisiert: die Hauptquantenzahl (n), die azimutale Quantenzahl (l), die magnetische Quantenzahl (ml) und die Spinquantenzahl (ms)."

1. 2. 1. Aufbau der Atome

tome bilden die fundamentalen Bausteine aller Materie im Universum und sind die kleinsten Einheiten, die die chemischen Eigenschaften eines Elements bestimmen [s21]. Ein faszinierender Aspekt ist ihre extreme Kleinheit - selbst die größten Atome erreichen nur einen Durchmesser von etwa 5,4 × 10–10 Meter [s22]. Um diese winzige Dimension greifbar zu machen: Man müsste etwa 10 Millionen Atome aneinanderreihen, um die Breite eines Millimeters zu erreichen. Der Aufbau eines Atoms lässt sich mit einem präzisen Miniatur-Sonnensystem vergleichen. Im Zentrum befindet sich der Atomkern, der aus positiv geladenen Protonen und elektrisch neutralen Neutronen besteht [s23]. Dieser Kern ist erstaunlich kompakt - mit einem Durchmesser von nur etwa 10^-15 Meter nimmt er einen verschwindend kleinen Teil des gesamten Atomvolumens ein [s23]. Um diese Relation zu verdeutlichen: Wäre ein Atom so groß wie ein Fußballstadion, entspräche der Kern etwa der Größe einer Erbse in dessen Mitte. Die negativ geladenen Elektronen umgeben den Kern in einer komplexen Wolkenstruktur [s24]. Diese Elektronenwolke, die etwa 10^-8 Zentimeter im Durchmesser misst, bestimmt maßgeblich die chemischen Eigenschaften des Atoms [s24]. Dabei folgt die Anordnung der Elektronen dem fundamentalen Unschärfeprinzip, welches besagt, dass Position und Geschwindigkeit eines Elektrons nie gleichzeitig exakt bestimmt werden können [s25]. Stattdessen beschreibt man ihre Aufenthaltsorte als Wahrscheinlichkeitswolken oder Orbitale. Ein besonders wichtiges Konzept ist die Hybridisierung von Atomorbitalen [s26]. Dieser Prozess erklärt, wie Atome sich in Molekülen arrangieren und ihre charakteristischen dreidimensionalen Strukturen ausbilden. Je nach Art der Hybridisierung (sp, sp2, sp3, sp3d oder sp3d2) entstehen verschiedene geometrische Anordnungen [s26]. Ein alltägliches Beispiel hierfür ist das Wassermolekül, bei dem die sp3-Hybridisierung des Sauerstoffatoms den charakteristischen Bindungswinkel von etwa 104,5° zwischen den Wasserstoffatomen verursacht. Die Anzahl der Protonen im Kern, auch Ordnungszahl (Z) genannt, bestimmt die Identität eines Elements [s21]. Diese Ordnungszahl ist so fundamental, dass sie als Organisationsprinzip für das Periodensystem der Elemente dient [s23]. Interessanterweise können Atome desselben Elements unterschiedliche Anzahlen von Neutronen besitzen - diese Varianten nennt man Isotope [s23]. Ein praktisches Beispiel hierfür ist Kohlenstoff: Während das häufigste Isotop C-12 sechs Neutronen besitzt, hat das in der Radiokarbondatierung verwendete C-14 acht Neutronen. Die elektrischen Ladungen in einem Atom sind perfekt ausbalanciert - die negative Ladung der Elektronen (je -1,60x10^-19 Coulomb) wird exakt durch die positive Ladung der Protonen ausgeglichen [s24]. Diese Präzision der Natur ist erstaunlich und fundamental für die Stabilität der Materie. Die moderne Atomtheorie hat die ursprünglichen Vorstellungen von Dalton weiterentwickelt [s22]. Während Dalton noch annahm, Atome seien unteilbar, wissen wir heute, dass sie aus noch kleineren Teilchen bestehen. Protonen und Neutronen setzen sich aus Quarks zusammen, während Elektronen zu den fundamentalen Teilchen gehören, die nicht weiter zerlegt werden können [s24]. Für das Verständnis chemischer Reaktionen ist besonders die äußerste Elektronenschicht, die <u>Valenzschale</u>, von Bedeutung [s21]. Die Elektronen in dieser Schale bestimmen, wie Atome miteinander wechselwirken und chemische Bindungen eingehen. Dies erklärt beispielsweise, warum Edelgase chemisch weitgehend inert sind - ihre Valenzschale ist vollständig besetzt.

Glossar

Hybridisierung

Ein quantenmechanischer Prozess, bei dem sich Atomorbitale zu energetisch gleichwertigen Hybridorbitalen vermischen, was die räumliche Ausrichtung chemischer Bindungen bestimmt.

Isotop

Atomvarianten eines Elements mit gleicher Protonenzahl aber unterschiedlicher Neutronenzahl, was zu unterschiedlichen Massenzahlen führt. Manche sind stabil, andere radioaktiv.

Orbital

Ein mathematisches Modell, das den wahrscheinlichen Aufenthaltsbereich eines Elektrons um den Atomkern beschreibt. Die Form kann kugel-, hantel- oder kleeblattförmig sein.

Valenzschale

Die äußerste besetzte Elektronenschale eines Atoms, die maximal acht Elektronen aufnehmen kann. Sie bestimmt die Reaktivität und das Bindungsverhalten des Atoms.

1. 2. 2. Elektronenkonfiguration

ie Elektronenkonfiguration eines Atoms folgt präzisen quantenmechanischen Regeln und beschreibt die Verteilung der Elektronen in den verschiedenen Energieniveaus und Orbitalen [s27]. Diese Anordnung ist fundamental für das Verständnis chemischer Bindungen und Reaktionen. Dabei werden die Elektronen durch vier Quantenzahlen charakterisiert: die Hauptquantenzahl (n), die azimutale Quantenzahl (l), die magnetische Quantenzahl (ml) und die Spinquantenzahl (ms) [s28]. Das Aufbau-Prinzip, auch als Aufbauprinzip bekannt, bildet die Grundlage für die systematische Beschreibung der Elektronenkonfiguration. Es besagt, dass Elektronen nacheinander die orbitale mit der niedrigsten verfügbaren Energie besetzen [s29]. Die Energie der Orbitale steigt dabei in der Reihenfolge s < p < d < f an [s30]. Ein praktisches Beispiel hierfür ist die Elektronenkonfiguration von Natrium: $1s^2\ 2s^2\ 2p^6\ 3s^1$. Diese Notation zeigt, dass das einzelne Valenzelektron sich in der 3s-Schale befindet, während die inneren Schalen vollständig gefüllt sind. Die Kapazität der verschiedenen Unterschalen folgt klaren Regeln: Eine s-Unterschale kann maximal 2 Elektronen aufnehmen, eine p-Unterschale 6 Elektronen, eine d-Unterschale 10 Elektronen und eine f-Unterschale 14 Elektronen [s31]. Diese Zahlen ergeben sich aus dem Pauli-Prinzip und der Anzahl der verfügbaren Orbitale in jeder Unterschale. Für die praktische Arbeit mit Elektronenkonfigurationen wird häufig eine Kurzschreibweise verwendet, bei der nur die Elektronen aufgeführt werden, die über die Edelgaskonfiguration des vorhergehenden Elements hinausgehen [s32]. Beispielsweise kann die Elektronenkonfiguration von Kalium ($1s^2\ 2s^2\ 2p^6\ 3s^2\ 3p^6\ 4s^1$) verkürzt als $4s^1$ geschrieben werden. Bei der Bildung von Ionen ergeben sich charakteristische Änderungen in der Elektronenkonfiguration. Kationen entstehen durch Entfernen von Elektronen aus den äußersten Orbitalen, während Anionen durch Aufnahme zusätzlicher Elektronen gebildet werden [s33]. Ein wichtiges Beispiel ist das Chlorid-Ion (Cl-): Chlor nimmt ein Elektron auf, um die stabile Edelgaskonfiguration zu erreichen.
Besonders interessant sind die Ausnahmen von den vorhergesagten Elektronenkonfigurationen, die hauptsächlich bei Übergangsmetallen auftreten [s34]. Diese Abweichungen entstehen, wenn durch Verschiebung von Elektronen zwischen s- und d-Orbitalen energetisch günstigere Zustände erreicht werden können. Kupfer beispielsweise hat die Konfiguration $3d^{10}4s^1$

statt der erwarteten $3d^94s^2$. Die Elektronenkonfiguration spiegelt sich direkt im Aufbau des Periodensystems wider [s30]. Elemente in der gleichen Gruppe haben ähnliche Valenzelektronenkonfigurationen, was ihre vergleichbaren chemischen Eigenschaften erklärt. Dies ist besonders hilfreich bei der Vorhersage chemischer Reaktivitäten und Bindungsverhalten. Für die experimentelle Praxis ist das Verständnis der Elektronenkonfiguration unerlässlich, da sie die Grundlage für spektroskopische Methoden und die Interpretation von Elektronenübergängen bildet. Die charakteristischen Farben von Übergangsmetallverbindungen beispielsweise lassen sich durch elektronische Übergänge zwischen verschiedenen d-Orbitalen erklären.

21	22	23	24	25	26	27	28	29	30
Sc	**Ti**	**V**	**Cr**	**Mn**	**Fe**	**Co**	**Ni**	**Cu**	**Zn**
44.9559	47.867	50.9415	51.9961	54.938	55.845	58.9332	58.6934	63.546	65.4089
Scandium	Titanium	Vanadium	Chromium	Manganese	Iron	Cobalt	Nickel	Copper	Zinc
39	40	41	42	43	44	45	46	47	48
Y	**Zr**	**Nb**	**Mo**	**Tc**	**Ru**	**Rh**	**Pd**	**Ag**	**Cd**
88.9058	91.224	92.9064	85.94	98	101.07	102.9055	106.42	107.8682	112.411
Yttrium	Zirconium	Niobium	Molybdenum	Technetium	Ruthenium	Rhodium	Palladium	Silver	Cadmium
71	72	73	74	75	76	77	78	79	80
Lu	**Hf**	**Ta**	**W**	**Re**	**Os**	**Ir**	**Pt**	**Au**	**Hg**
174.967	178.49	180.9497	183.84	186.207	190.23	192.217	195.084	196.9666	200.59
Lutetium	Hafnium	Tantalum	Tungsten	Rhenium	Osmium	Iridium	Platinum	Gold	Mercury

Übergangsmetalle [i7]

1. 2. 3. Periodische Eigenschaften

ie periodischen Eigenschaften der Elemente folgen systematischen Mustern, die sich aus der atomaren Struktur und der Elektronenkonfiguration ergeben [s35]. Diese Regelmäßigkeiten, auch als periodisches Gesetz bekannt, ermöglichen es uns, chemische Eigenschaften vorherzusagen und zu verstehen. Ein zentraler Trend ist die Atomgröße, die innerhalb einer Periode von links nach rechts abnimmt und in einer Gruppe von oben nach unten zunimmt [s36]. Dies lässt sich anhand eines praktischen Beispiels verdeutlichen: Vergleicht man die Alkalimetalle Lithium, Natrium und Kalium (Gruppe 1), so nimmt ihr Atomradius in dieser Reihenfolge zu. Diese Zunahme erklärt auch, warum Kalium reaktiver ist als Lithium - die äußeren Elektronen sind weiter vom Kern entfernt und können leichter abgegeben werden. Die Elektronegativität, also die Fähigkeit eines Atoms Elektronen anzuziehen, zeigt einen gegenläufigen Trend [s37]. Sie nimmt innerhalb einer Periode von links nach rechts zu und in einer Gruppe von oben nach unten ab. Dies hat direkte Auswirkungen auf die Bindungseigenschaften: Fluoratome (rechts oben im Periodensystem) ziehen Elektronen besonders stark an und bilden daher sehr polare Bindungen, während Cäsiumatome (links unten) Elektronen leicht abgeben. Die Ionisierungsenergie, die benötigt wird, um ein Elektron aus einem Atom zu entfernen, folgt einem ähnlichen Muster [s38]. Sie steigt von links nach rechts in einer Periode an und nimmt von oben nach unten in einer Gruppe ab. Für die praktische Laborarbeit bedeutet dies: Alkalimetalle (Gruppe 1) lassen sich leicht oxidieren, während Edelgase (Gruppe 18) extrem stabil sind. Ein faszinierender Aspekt ist die Elektronenaffinität [s39], die die Energieänderung bei der Aufnahme eines Elektrons beschreibt. Sie wird im Allgemeinen negativer, wenn man sich von links nach rechts durch eine Periode bewegt. Dies erklärt, warum Halogene (Gruppe 17) besonders leicht Elektronen aufnehmen und stabile Anionen bilden. Der metallische Charakter zeigt ebenfalls charakteristische Trends [s36]. Er nimmt innerhalb einer Periode von rechts nach links und innerhalb einer Gruppe von oben nach unten zu. Dies spiegelt sich in den physikalischen Eigenschaften wider: Während Natrium ein weiches, silbrig glänzendes Metall ist, ist sein Periodennachbar Chlor ein gelblich-grünes Gas. Die effektive Kernladung (Zeff) spielt eine zentrale Rolle bei diesen Trends [s39]. Sie nimmt von links nach rechts in einer Periode zu, da die zusätzlichen Protonen im Kern nicht vollständig durch die Elektronen der inneren Schalen abgeschirmt werden. Dies führt zu einer stärkeren Anziehung der Valenzelektronen und erklärt die Abnahme der Atomradien. Diese periodischen Trends haben praktische Bedeutung für die Vorhersage chemischer Reaktivität [s40]. Wissenschaftler nutzen sie, um das Verhalten noch unbekannter Verbindungen abzuschätzen oder optimale Reaktionsbedingungen zu planen. Ein Beispiel aus dem Laboralltag: Bei der Synthese von Metallsalzen muss man die unterschiedliche Reaktivität der Metalle berücksichtigen - während Alkalimetalle heftig mit Wasser reagieren, benötigen viele Übergangsmetalle stärkere Oxidationsmittel. Die Schmelzpunkte der Elemente zeigen komplexere Muster [s37], wobei Metalle generell höher schmelzen als Nichtmetalle. Dies hat praktische Konsequenzen für die Materialverarbeitung: Während Quecksilber bei Raumtemperatur flüssig ist, benötigt man für das Schmelzen von Wolfram Temperaturen über 3400°C.

Glossar

Effektive Kernladung

Auch als Zeff bekannt, kann mit der Slater-Regel berechnet werden und berücksichtigt die Abschirmung durch innere Elektronenschalen.

Elektronegativität

Eine dimensionslose Größe, die nach Linus Pauling auf einer Skala von 0,7 bis 4,0 gemessen wird. Fluor hat dabei den höchsten Wert von 4,0.

Elektronenaffinität

Wird in kJ/mol angegeben, wobei Chlor mit -349 kJ/mol die höchste Elektronenaffinität aller Elemente aufweist.

Ionisierungsenergie

Wird in Elektronenvolt (eV) oder Kilojoule pro Mol (kJ/mol) gemessen. Helium hat mit 24,6 eV die höchste erste Ionisierungsenergie aller Elemente.

1. 2. 4. Atomare Bindungstypen

ie chemische Bindung zwischen Atomen ist ein faszinierendes Phänomen, das die Grundlage für die Existenz aller Moleküle und Materialien bildet [s41]. Dabei unterscheidet man hauptsächlich zwischen zwei fundamentalen Bindungstypen: der ionischen und der kovalenten Bindung, die sich in ihrer Natur und ihren Eigenschaften deutlich unterscheiden.

Die ionische Bindung entsteht durch die elektrostatische Anziehung zwischen Ionen mit entgegengesetzten Ladungen [s42]. Ein klassisches Beispiel ist Kochsalz (NaCl), bei dem Natrium ein Elektron an Chlor abgibt. Das entstehende Na+-<u>Kation</u> und Cl--<u>Anion</u> ziehen sich gegenseitig an und bilden ein Kristallgitter. Diese Verbindungen zeichnen sich durch hohe Schmelz- und Siedepunkte aus und leiten im geschmolzenen oder gelösten Zustand den elektrischen Strom - eine Eigenschaft, die beispielsweise in <u>Elektrolyten</u> von Batterien genutzt wird. Kovalente Bindungen hingegen entstehen durch das

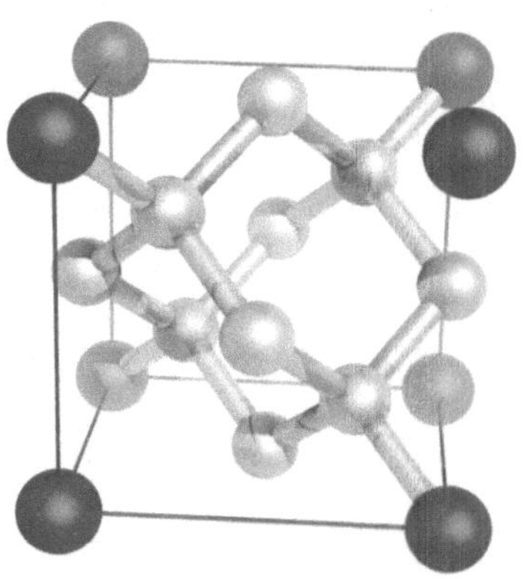

Kristallgitter [i8]

Teilen von Elektronenpaaren zwischen den Atomen [s43]. Diese Art der Bindung tritt typischerweise zwischen Nichtmetallen auf, die ähnliche elektronegativitaeten aufweisen. Ein alltägliches Beispiel ist das Wassermolekül (H_2O), bei dem Sauerstoff Elektronenpaare mit zwei Wasserstoffatomen teilt. Die Bindung kann dabei unterschiedlich polar sein, abhängig von der Elektronegativitätsdifferenz (ΔEN) der beteiligten Atome [s41]. Besonders interessant ist die Unterscheidung zwischen polaren und unpolaren kovalenten Bindungen [s43]. In einer unpolaren kovalenten Bindung, wie sie etwa im Wasserstoffmolekül (H_2) vorkommt, werden die Elektronen gleichmäßig zwischen identischen Atomen geteilt. Bei polaren kovalenten Bindungen hingegen, wie im Wassermolekül, führt der Elektronegativitätsunterschied zu einer ungleichmäßigen Elektronenverteilung. Dies erklärt viele Eigenschaften von Molekülen, wie etwa die Löslichkeit in verschiedenen Medien. Die Art der Bindung lässt sich anhand der Elektronegativitätsdifferenz der beteiligten Atome vorhersagen [s42]. Als Faustregel gilt: Bei einer Differenz größer als 1,7 spricht man von einer ionischen Bindung, bei kleineren Werten von einer kovalenten Bindung. Diese Kenntnis ist besonders wichtig bei der Entwicklung neuer Materialien oder der Vorhersage chemischer Reaktionen. Interessanterweise können in komplexeren Verbindungen verschiedene Bindungstypen gleichzeitig auftreten [s43]. Ein Beispiel hierfür sind organische Säuren wie Essigsäure, die sowohl kovalente als auch ionische Bindungsanteile aufweisen. Diese Kombination erklärt ihre besonderen chemischen Eigenschaften und ihr Verhalten in wässrigen Lösungen. Die Bindungsart bestimmt maßgeblich die physikalischen und chemischen Eigenschaften einer Verbindung [s44]. So sind ionische Verbindungen typischerweise spröde Festkörper mit hohen Schmelzpunkten, während kovalente Verbindungen oft als Gase, Flüssigkeiten oder weiche Festkörper vorliegen. Dieses Wissen ist essentiell für die gezielte Synthese von Materialien mit gewünschten Eigenschaften. Für die praktische Laborarbeit ist das Verständnis der Bindungstypen unerlässlich. Bei der Auswahl von Lösungsmitteln beispielsweise gilt der Grundsatz "Gleiches löst Gleiches" - polare Substanzen lösen sich gut in polaren Lösungsmitteln wie Wasser, unpolare besser in unpolaren Lösungsmitteln wie Hexan.

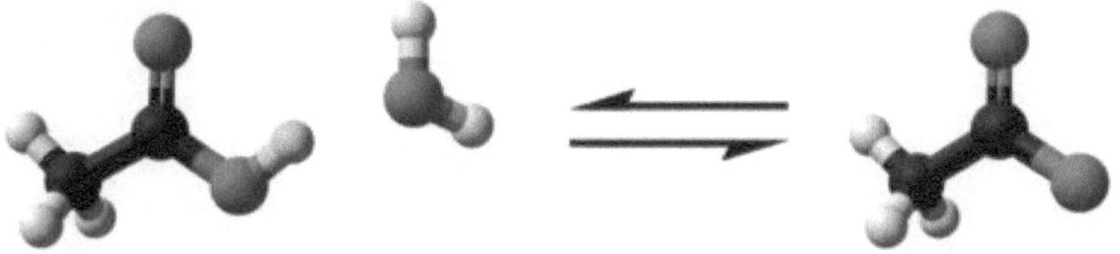

Essigsäure [i9]

Glossar

Anion

Ein negativ geladenes Ion, das durch Aufnahme von Elektronen entsteht. In Knochen und Zähnen sind Phosphat-Anionen ein wichtiger Baustein.

Elektrolyt

Ein Stoff, der in Lösung oder Schmelze in Ionen zerfällt und dadurch elektrisch leitfähig wird. Beispiele sind auch Salzlösungen in Sportgetränken.

Kation

Ein positiv geladenes Ion, das durch Abgabe von Elektronen entsteht. In Lebensmitteln sind Kalium-Kationen für Muskel- und Nervenfunktionen wichtig.

Zusammenfassung - 1. 2. Atombau und Periodensystem

- Die Größe eines Atomkerns beträgt nur etwa 10^{-15} Meter, während die Elektronenwolke etwa 10^{-8} Zentimeter misst

- Die Hybridisierung von Atomorbitalen (sp, sp2, sp3, sp3d, sp3d2) bestimmt die dreidimensionale Struktur von Molekülen

- Die elektrische Ladung eines Elektrons beträgt exakt $-1{,}60 \times 10^{-19}$ Coulomb

- Protonen und Neutronen bestehen aus Quarks, während Elektronen zu den fundamentalen Teilchen gehören

- Die Energie der Orbitale steigt in der Reihenfolge s < p < d < f

- Eine s-Unterschale fasst 2, p-Unterschale 6, d-Unterschale 10 und f-Unterschale 14 Elektronen

- Kupfer weicht von der erwarteten Elektronenkonfiguration ab und hat $[\text{Ar}]3d^{10}4s^1$ statt $[\text{Ar}]3d^9 4s^2$

- Die effektive Kernladung nimmt in einer Periode von links nach rechts zu, da innere Elektronen die Kernladung nicht vollständig abschirmen

- Wolfram hat einen extrem hohen Schmelzpunkt von über 3400°C

- Die Elektronegativitätsdifferenz von 1,7 gilt als Grenzwert zwischen ionischer und kovalenter Bindung

- Die Elektronenkonfiguration bestimmt die spektroskopischen Eigenschaften und Farben von Übergangsmetallverbindungen

- Die Ionisierungsenergie steigt innerhalb einer Periode von links nach rechts und sinkt in einer Gruppe von oben nach unten

1. 3. Chemische Reaktionen

Wie entstehen neue Stoffe? Was passiert genau, wenn Eisen rostet oder Holz verbrennt? Diese fundamentalen Fragen führen uns direkt zum Kern der Chemie: den chemischen Reaktionen. Sie sind die Grundlage für zahllose Prozesse - von der Photosynthese in Pflanzen bis zur industriellen Herstellung von Medikamenten. Die Geschwindigkeit chemischer Reaktionen variiert dabei enorm: Während manche Reaktionen in Sekundenbruchteilen ablaufen, benötigen andere Jahre. Doch was bestimmt diese Geschwindigkeit? Und warum laufen manche Reaktionen nicht vollständig ab, sondern erreichen einen Gleichgewichtszustand? Besonders interessant wird es bei Säure-Base-Reaktionen, die zu den wichtigsten Reaktionstypen gehören. Sie spielen nicht nur in unserem Körper eine zentrale Rolle, wo sie den pH-Wert des Blutes regulieren, sondern sind auch in der Industrie von großer Bedeutung. Das Verständnis chemischer Reaktionen ermöglicht es uns, gezielt neue Materialien zu entwickeln, effizientere Produktionsprozesse zu gestalten und Umweltprobleme anzugehen. Die folgenden Abschnitte zeigen, wie die moderne Chemie diese Herausforderungen angeht.

„Die Reaktionsgeschwindigkeit verdoppelt bis vervierfacht sich typischerweise bei einer Temperaturerhöhung um 10°C."

1. 3. 1. Reaktionstypen und Mechanismen

hemische Reaktionen sind das Herzstück der Chemie und lassen sich anhand ihrer Mechanismen und Typen systematisch kategorisieren. Die Kenntnis dieser Grundlagen ist essentiell für das Verständnis chemischer Prozesse, sei es in der Industrie, Forschung oder im Alltag [s45]. Grundsätzlich unterscheiden wir zwischen verschiedenen Hauptreaktionstypen. Zu den wichtigsten gehören Säure-Base-Reaktionen, Redoxreaktionen, Substitutionsreaktionen und Eliminierungsreaktionen. Ein alltägliches Beispiel für eine Säure-Base-Reaktion ist die Verwendung von Backpulver beim Backen: Natriumhydrogencarbonat reagiert mit der säurehaltigen Backmischung unter Bildung von CO_2, was zum Aufgehen des Teigs führt [s45]. Die Reaktionsmechanismen beschreiben den genauen Ablauf einer chemischen Reaktion auf molekularer Ebene. Sie zeigen, wie Bindungen gebrochen und neu gebildet werden. Ein fundamentales Konzept dabei ist die Unterscheidung zwischen kinetischer und thermodynamischer Kontrolle. Während die kinetische Kontrolle bestimmt, wie schnell eine Reaktion abläuft, gibt die thermodynamische Kontrolle Auskunft über die Stabilität der Produkte [s46]. Besonders in der organischen Chemie spielen Reaktionsmechanismen eine zentrale Rolle. Ein wichtiges Beispiel ist der SN2-Mechanismus (nucleophile Substitution 2. Ordnung), bei dem ein <u>Nucleophil</u> eine Abgangsgruppe verdrängt. Dieser Mechanismus ist beispielsweise bei der industriellen Herstellung von Ethanol aus Ethylchlorid und Wasser relevant [s47]. Die moderne Forschung beschäftigt sich intensiv mit der Entwicklung neuer Katalysatoren, die Reaktionen effizienter und umweltfreundlicher machen. Ein aktuelles Beispiel ist die molekulare <u>Dotierung</u> in organischen Halbleitern, die für die Entwicklung effizienterer Solarzellen und LEDs wichtig ist. Dabei werden gezielt Fremdatome eingebracht, um die elektrischen Eigenschaften zu verbessern [s48].

Reaktionsmechanismen in biologischen Systemen, insbesondere bei enzymatischen Reaktionen, zeigen oft erstaunliche Effizienz. Enzyme arbeiten als natürliche Katalysatoren und ermöglichen Reaktionen unter milden Bedingungen, die ohne sie nur unter extremen Bedingungen ablaufen würden. Ein Beispiel ist die Verdauung von Stärke durch das Enzym Amylase, das bereits im Mundraum aktiv ist [s46]. Die Steuerung von Reaktionen durch äußere Bedingungen wie Temperatur, Druck und Lösungsmittel ist von großer praktischer Bedeutung. So kann beispielsweise die Ausbeute einer Reaktion durch geschickte

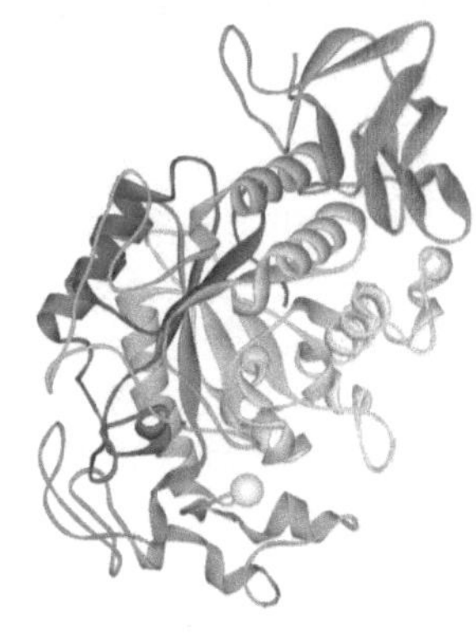

Amylase [i10]

Wahl der Reaktionsbedingungen optimiert werden. In der industriellen Produktion von Ammoniak nach dem Haber-Bosch-Verfahren wird dies durch hohen Druck und optimale Temperaturführung erreicht [s45]. Moderne synthetische Methoden nutzen das Verständnis von Reaktionsmechanismen, um gezielt komplexe Moleküle aufzubauen. Dies ist besonders in der pharmazeutischen Industrie von Bedeutung, wo neue Wirkstoffe oft über viele Syntheseschritte hergestellt werden müssen. Dabei spielt die stereochemische Kontrolle eine wichtige Rolle, da die biologische Wirksamkeit oft von der räumlichen Struktur der Moleküle abhängt [s47]. Die Aufklärung von Reaktionsmechanismen erfolgt heute mit hochmodernen spektroskopischen Methoden und computergestützten Berechnungen. Diese Kombination ermöglicht es, selbst schnellste Reaktionsschritte zu verfolgen und zu verstehen. Ein praktisches Beispiel ist die Entwicklung neuer Katalysatoren für die grüne Chemie, wo durch genaues Verständnis der Mechanismen umweltfreundlichere Prozesse entwickelt werden können [s46].

Glossar

Amylase

Ein Verdauungsenzym, das große Stärkemoleküle in kleinere Zuckermoleküle spaltet. Kommt auch in reifenden Früchten vor.

Dotierung

Gezielte Verunreinigung eines reinen Materials durch Einbringen von Fremdatomen zur Veränderung seiner elektrischen Eigenschaften.

Nucleophil

Ein elektronenreiches Teilchen, das seine Elektronen für eine chemische Bindung zur Verfügung stellt. Typische Nucleophile sind negativ geladene Ionen wie OH- oder CN-.

Stereochemie

Teilgebiet der Chemie, das sich mit der räumlichen Anordnung von Atomen in Molekülen und deren Auswirkungen auf chemische Eigenschaften befasst.

1. 3. 2. Reaktionsgeschwindigkeit

ie Reaktionsgeschwindigkeit ist ein fundamentales Konzept in der Chemie und beschreibt, wie schnell eine chemische Reaktion abläuft. Sie wird mathematisch als Änderung der Konzentration der Reaktanten oder Produkte pro Zeiteinheit definiert [s49]. Diese Definition ermöglicht es uns, chemische Prozesse quantitativ zu erfassen und zu kontrollieren, was besonders in der industriellen Produktion von großer Bedeutung ist. Ein anschauliches Beispiel für unterschiedliche Reaktionsgeschwindigkeiten finden wir beim Vergleich der Rostbildung an Eisen (sehr langsam) und der Verbrennung von Erdgas (sehr schnell). Die Geschwindigkeit einer Reaktion hängt dabei von verschiedenen Faktoren ab, die wir gezielt beeinflussen können [s50]. Besonders in der industriellen Fertigung ist diese Kontrolle essentiell - beispielsweise bei der Herstellung von Polymeren, wo die Reaktionsgeschwindigkeit die Qualität des Endprodukts maßgeblich beeinflusst. Die mathematische Beschreibung der Reaktionsgeschwindigkeit erfolgt durch Geschwindigkeitsgesetze, die den Zusammenhang zwischen der Geschwindigkeit und den Konzentrationen der beteiligten Stoffe ausdrücken [s49]. In der Praxis ist dies besonders wichtig bei der Optimierung von Produktionsprozessen. Ein Chemiker in einem Pharmaunternehmen kann beispielsweise durch Anpassung der Reaktionsbedingungen die Ausbeute eines wertvollen Wirkstoffs maximieren. Die Arrhenius-Gleichung spielt eine zentrale Rolle bei der Beschreibung des Temperatureinflusses auf die Reaktionsgeschwindigkeit [s51]. Sie zeigt, dass eine Temperaturerhöhung um 10°C die Reaktionsgeschwindigkeit häufig verdoppelt bis vervierfacht - ein Prinzip, das etwa bei der Lagerung von Lebensmitteln im Kühlschrank praktische Anwendung findet, um deren Haltbarkeit zu verlängern. Bei der experimentellen Bestimmung der Reaktionsgeschwindigkeit stehen verschiedene Methoden zur Verfügung [s52]. Bei Reaktionen mit Farbänderung kann die Geschwindigkeit durch spektroskopische Messungen verfolgt werden. Bei Gasreaktionen bieten sich Druck- oder Volumenmessungen an. Ein Beispiel aus dem Laboralltag ist die Verfolgung der Entfärbung von Kaliumpermanganat bei seiner Reaktion mit Oxalsäure. Die Reaktionsordnung gibt an, wie die Konzentration der Reaktanten die Geschwindigkeit beeinflusst [s53]. Bei einer Reaktion erster Ordnung ist die Geschwindigkeit direkt proportional zur Konzentration eines Reaktanten. Dies ist beispielsweise bei vielen Abbaureaktionen von Medikamenten im

Körper der Fall, was für die Dosierung von Medikamenten wichtig ist. Ein besonders interessantes Phänomen ist die Halbwertszeit bei Reaktionen erster Ordnung, die unabhängig von der Anfangskonzentration ist [s53]. Dies findet praktische Anwendung bei der Datierung archäologischer Funde mittels der Radiokohlenstoffmethode. Die Kontrolle der Reaktionsgeschwindigkeit durch Katalysatoren ist von enormer praktischer Bedeutung. In der Automobilindustrie ermöglichen Katalysatoren die schnelle Umwandlung schädlicher Abgase in weniger problematische Verbindungen. Auch unser Körper nutzt Enzyme als biologische Katalysatoren, um lebenswichtige Reaktionen zu beschleunigen. Die Messung und Interpretation von Reaktionsgeschwindigkeiten ist Teil der chemischen <u>Kinetik</u> [s50]. Moderne Analysemethoden erlauben es, selbst extrem schnelle Reaktionen im Bereich von Mikro- oder sogar Nanosekunden zu verfolgen. Dies ist beispielsweise bei der Entwicklung neuer Materialien für Solarzellen wichtig, wo die Geschwindigkeit der Ladungsträgertrennung eine entscheidende Rolle spielt.

Glossar

Arrhenius-Gleichung

Eine mathematische Formel, die den Zusammenhang zwischen Aktivierungsenergie, Temperatur und Geschwindigkeitskonstante einer chemischen Reaktion beschreibt. Benannt nach dem schwedischen Chemiker Svante Arrhenius.

Kinetik

Teilgebiet der physikalischen Chemie, das sich mit der zeitlichen Entwicklung chemischer Systeme und den Mechanismen von Reaktionsabläufen befasst. Grundlegend für die Entwicklung neuer Synthesewege.

Spektroskopische

Messverfahren, die auf der Wechselwirkung von elektromagnetischer Strahlung mit Materie basieren. Ermöglicht die berührungslose Analyse von Stoffzusammensetzungen und Reaktionsverläufen.

1. 3. 3. Chemisches Gleichgewicht

as chemische Gleichgewicht ist ein fundamentales Konzept, das beschreibt, wie chemische Reaktionen einen Zustand erreichen, in dem die Geschwindigkeiten der Hin- und Rückreaktion gleich sind [s54]. Anders als man vielleicht intuitiv vermuten würde, bedeutet ein Gleichgewichtszustand nicht, dass die Reaktion zum Stillstand kommt - vielmehr handelt es sich um ein dynamisches Gleichgewicht, bei dem die Reaktionen kontinuierlich in beide Richtungen ablaufen, ohne dass sich die Konzentrationen der beteiligten Stoffe ändern [s55]. Ein anschauliches Beispiel für ein chemisches Gleichgewicht findet sich in der Atmosphäre unserer Ozeane: Wenn sich Kohlendioxid im Meerwasser löst, bildet sich Kohlensäure, die wiederum in Bicarbonat und Wasserstoffionen dissoziieren kann. Diese Reaktionen sind reversibel und stehen in einem empfindlichen Gleichgewicht [s56]. Dieses Beispiel zeigt auch die praktische Relevanz des Verständnisses chemischer Gleichgewichte für aktuelle Umweltprobleme wie die Ozeanversauerung. Die mathematische Beschreibung des Gleichgewichtszustands erfolgt durch die Gleichgewichtskonstante K, die das Verhältnis der Konzentrationen von Produkten zu Reaktanten in einem bestimmten Potenz ausdrückt [s54]. Diese Konstante ist nicht nur ein theoretisches Konstrukt, sondern hat direkte praktische Bedeutung - beispielsweise bei der Bestimmung der Säurestärke durch den pKa-Wert [s57]. Ein besonders wichtiges Prinzip im Zusammenhang mit chemischen Gleichgewichten ist das Le Châtelier-Prinzip [s58]. Es besagt, dass ein System im Gleichgewicht auf Störungen so reagiert, dass es die Störung ausgleicht. Dies hat weitreichende praktische Konsequenzen: In der industriellen Ammoniaksynthese nach dem Haber-Bosch-Verfahren nutzt man beispielsweise gezielt hohen Druck, um das Gleichgewicht in Richtung des Produkts zu verschieben. Die Temperatur spielt eine besondere Rolle bei der Beeinflussung chemischer Gleichgewichte [s59]. Bei exothermen Reaktionen führt eine Temperaturerhöhung zu einer Verschiebung des Gleichgewichts in Richtung der Reaktanten, während eine Temperaturerniedrigung die Produktbildung begünstigt. Dieses Prinzip wird beispielsweise in der chemischen Industrie genutzt, um die Ausbeute temperaturabhängiger Prozesse zu optimieren. Chemische Gleichgewichte können sowohl homogen (alle Komponenten in derselben Phase) als auch heterogen (Komponenten in unterschiedlichen Phasen) sein [s60]. Ein alltägliches Beispiel für ein heterogenes Gleichgewicht ist die Verdampfung von Wasser in einem geschlossenen Gefäß, wo sich ein Gleichgewicht zwischen flüssiger und gasförmiger Phase einstellt. Die Verbindung zwischen der Gleichgewichtskonstante und der <u>Gibbs-Energie</u> ($\Delta G° = -RT \ln K$) [s57] ermöglicht es uns, die thermodynamische Triebkraft chemischer Reaktionen zu verstehen und vorherzusagen. Dies ist besonders wichtig bei der Entwicklung neuer chemischer Prozesse oder der Optimierung bestehender Verfahren. In der Praxis ist das Verständnis chemischer Gleichgewichte unerlässlich für viele industrielle Prozesse, aber auch für biologische Systeme. Der menschliche Körper beispielsweise reguliert den pH-Wert des Blutes durch ein komplexes System von Puffergleichgewichten, das lebenswichtige physiologische Funktionen aufrechterhält.

Glossar

Dissoziation

Ein physikalisch-chemischer Vorgang, bei dem sich eine chemische Verbindung in kleinere Teilchen wie Ionen oder Moleküle aufspaltet.

Gibbs-Energie

Eine thermodynamische Zustandsgröße, die die bei konstanter Temperatur und konstantem Druck maximal nutzbare Energie eines Systems angibt. Sie wird auch als freie Enthalpie bezeichnet.

Haber-Bosch-Verfahren

Ein industrielles Verfahren zur Synthese von Ammoniak aus den Elementen Stickstoff und Wasserstoff, das die Grundlage für die moderne Düngemittelproduktion bildet.

Le Châtelier-Prinzip

Ein grundlegendes Prinzip der physikalischen Chemie, das auch als Prinzip des kleinsten Zwangs bekannt ist. Es ermöglicht die Vorhersage von Gleichgewichtsverschiebungen in chemischen Systemen.

1. 3. 4. Säure-Base-Reaktionen

Säure-Base-Reaktionen gehören zu den fundamentalsten und wichtigsten chemischen Prozessen, sowohl in der Natur als auch in technischen Anwendungen. Nach dem Brønsted-Lowry-Konzept ist eine Säure ein Protonendonator und eine Base ein Protonenakzeptor [s61]. Diese Definition erweitert das klassische Verständnis erheblich und ermöglicht ein tieferes Verständnis dieser Reaktionen. In wässrigen Lösungen gibt eine Säure Protonen ab und bildet dabei Hydroniumionen ($H3O+$). Starke Säuren wie Salzsäure (HCl) dissoziieren dabei nahezu vollständig, während schwache Säuren wie Essigsäure nur teilweise in Ionen zerfallen [s62]. Dies hat praktische Konsequenzen: Beim Verdünnen einer starken Säure muss besondere Vorsicht walten - stets die Säure ins Wasser geben, nie umgekehrt, da die Reaktion stark exotherm verläuft. Basen hingegen erzeugen in wässriger Lösung Hydroxidionen ($OH-$). Auch hier unterscheiden wir zwischen starken Basen wie Natriumhydroxid, die vollständig dissoziieren, und schwachen Basen wie Ammoniak, die nur teilweise reagieren [s62]. Ein faszinierender Aspekt ist die Amphiprotie des Wassers - es kann sowohl als Säure als auch als Base fungieren [s61]. Diese Eigenschaft macht Wasser zum idealen Lösungsmittel für viele chemische Reaktionen. Bei der Neutralisation reagieren Säuren und Basen miteinander, wobei Wasser und ein Salz entstehen. Die Stärke der beteiligten Säuren und Basen bestimmt den pH-Wert der resultierenden Lösung [s63]. Reagieren beispielsweise eine starke Säure und eine starke Base, entsteht eine neutrale Lösung mit pH 7. Bei der Reaktion einer starken Säure mit einer schwachen Base liegt der pH-Wert unter 7, während er bei der Reaktion einer schwachen Säure mit einer starken Base über 7 liegt. Die quantitative Analyse von Säure-Base-Reaktionen erfolgt häufig durch Titrationen [s64]. Dabei wird eine Lösung bekannter Konzentration (Titrant) zu einer Probe unbekannter Konzentration gegeben, bis die Reaktion vollständig abgelaufen ist (Äquivalenzpunkt). Die Verwendung von pH-Indikatoren oder pH-Elektroden ermöglicht die präzise Bestimmung dieses Punktes. Ein praktischer Tipp: Bei der Titration einer schwachen Säure mit einer starken Base entspricht der pH-Wert bei halber Neutralisation dem pKa-Wert der Säure [s63]. Die Henderson-Hasselbalch-Gleichung ist ein wichtiges Werkzeug zur Berechnung von pH-Werten in Pufferlösungen [s64]. Puffer sind Systeme, die den pH-Wert einer Lösung auch bei Zugabe kleiner Mengen von Säuren oder Basen weitgehend konstant halten. Sie spielen eine zentrale Rolle in biologischen Systemen - beispielsweise wird der pH-Wert unseres Blutes durch verschiedene Puffersysteme bei etwa 7,4 gehalten. Die Autoionisation des Wassers ist ein fundamentaler Prozess, bei dem Wassermoleküle in H_3O^+ und OH^--Ionen dissoziieren [s61]. Das Ionenprodukt des Wassers (Kw) ist temperaturabhängig und bestimmt die minimale Konzentration an H_3O^+ und OH^--Ionen in wässrigen Lösungen. Bei Raumtemperatur beträgt der pKw-Wert 14, woraus sich der neutralen pH-Wert von 7 ergibt. Die strukturellen Eigenschaften von Molekülen beeinflussen ihre Säure-Base-Eigenschaften maßgeblich [s65]. Elektronenziehende Gruppen erhöhen die Acidität, während elektronenschiebende Gruppen sie verringern. Dieses Wissen ist besonders in der organischen Chemie wichtig, wo die Vorhersage von Säure-Base-Eigenschaften für die Syntheseplanung essentiell ist.

Glossar

Amphiprotie

Eine chemische Eigenschaft von Stoffen, die sowohl Protonen aufnehmen als auch abgeben können. Ein weiteres Beispiel neben Wasser ist das Hydrogencarbonat-Ion (HCO_3^-).

Brønsted-Lowry-Konzept

Eine 1923 unabhängig voneinander von Johannes Brønsted und Thomas Lowry entwickelte Säure-Base-Theorie, die auch Reaktionen in nicht-wässrigen Lösungsmitteln erklärt.

Henderson-Hasselbalch-Gleichung

Eine mathematische Formel zur pH-Wert-Berechnung, die 1916 von Lawrence Joseph Henderson entwickelt und später von Karl Albert Hasselbalch modifiziert wurde.

Titrant

Eine Maßlösung mit exakt bekannter Konzentration, die bei der Titration aus einer Bürette zugetropft wird, um die unbekannte Konzentration einer anderen Lösung zu bestimmen.

Zusammenfassung - 1. 3. Chemische Reaktionen

- Die Arrhenius-Gleichung zeigt, dass eine Temperaturerhöhung um 10°C die Reaktionsgeschwindigkeit meist verdoppelt bis vervierfacht

- Enzyme ermöglichen als natürliche Katalysatoren Reaktionen unter milden Bedingungen, die sonst extreme Bedingungen erfordern würden

- Die stereochemische Kontrolle ist entscheidend für die biologische Wirksamkeit vieler pharmazeutischer Wirkstoffe

- Die Reaktionsordnung bestimmt, wie die Konzentration der Reaktanten die Geschwindigkeit beeinflusst - bei erster Ordnung ist sie direkt proportional

- Die Halbwertszeit bei Reaktionen erster Ordnung ist unabhängig von der Anfangskonzentration

- Das Le Châtelier-Prinzip beschreibt, dass ein System im Gleichgewicht Störungen durch Gegenreaktionen ausgleicht

- Die Gibbs-Energie steht in direktem Zusammenhang mit der Gleichgewichtskonstante durch $\Delta G° = -RT \ln K$

- Amphiprotie des Wassers ermöglicht ihm sowohl als Säure als auch als Base zu fungieren

- Bei der Titration einer schwachen Säure mit starker Base entspricht der pH-Wert bei halber Neutralisation dem pKa-Wert

- Elektronenziehende Gruppen erhöhen die Acidität von Molekülen, während elektronenschiebende sie verringern

- Die Henderson-Hasselbalch-Gleichung ermöglicht die Berechnung von pH-Werten in Pufferlösungen

- Das Ionenprodukt des Wassers ist temperaturabhängig und bestimmt die minimale Konzentration an H_3O^+ und OH^--Ionen

Rückblick - 1. Grundlagen der Chemie

- Die Alchemie legte mit der Entdeckung von Salzsäure, Schwefelsäure und Salpetersäure wichtige Grundlagen der modernen Chemie

- Die arabische Welt perfektionierte die Destillation und entwickelte die noch heute genutzte Rosenöl-Destillation

- Robert Boyle führte im 17. Jahrhundert quantitative Experimente und das Prinzip der Reproduzierbarkeit ein

- Antoine Lavoisier entwickelte ein logisches System zur Benennung chemischer Verbindungen basierend auf ihrer Zusammensetzung

- Die Entdeckung des ersten vollsynthetischen Kunststoffs 1907 läutete das "Zeitalter der Kunststoffe" ein

- Die Entwicklung nanostrukturierter Katalysatormaterialien 1992 ermöglichte effizientere und ressourcenschonendere chemische Reaktionen

- Die Elektronenkonfiguration folgt dem Aufbauprinzip, wobei die Energie der Orbitale in der Reihenfolge s < p < d < f ansteigt

- Die Arrhenius-Gleichung zeigt, dass eine Temperaturerhöhung um 10°C die Reaktionsgeschwindigkeit meist verdoppelt bis vervierfacht

- Das Le Châtelier-Prinzip beschreibt, wie ein System im Gleichgewicht auf Störungen reagiert und diese ausgleicht

- Die Henderson-Hasselbalch-Gleichung ermöglicht die präzise Berechnung von pH-Werten in Pufferlösungen

- Die effektive Kernladung spielt eine zentrale Rolle bei periodischen Trends und nimmt von links nach rechts in einer Periode zu

- Die Elektronegativität steigt innerhalb einer Periode von links nach rechts und sinkt in einer Gruppe von oben nach unten

- Während die faszinierenden Grundlagen der Chemie nun gelegt sind, werden wir im nächsten Kapitel tiefer in die Welt der anorganischen Verbindungen und physikalischen Gesetzmäßigkeiten eintauchen, die unser Universum im Innersten zusammenhalten.

2. Anorganische und Physikalische Chemie

ie Anorganische und Physikalische Chemie bilden das Fundament für das Verständnis chemischer Prozesse und Materialien. Wie verhalten sich Metalle in Kontakt mit anderen Elementen? Welche Rolle spielen thermodynamische Gesetze bei chemischen Reaktionen? Und warum korrodieren manche Materialien schneller als andere? Diese Teilgebiete der Chemie befassen sich mit den grundlegenden Eigenschaften und Verhaltensweisen der Materie - von der Struktur einzelner Atome bis hin zu komplexen Kristallsystemen. Dabei werden sowohl die energetischen Aspekte chemischer Reaktionen als auch die Prinzipien der Elektronenübertragung und Ionenleitung untersucht. Die praktische Bedeutung reicht von der Entwicklung neuer Materialien über die Optimierung industrieller Prozesse bis zur Lösung aktueller Herausforderungen in der Energiespeicherung und Nachhaltigkeit. Wie lassen sich beispielsweise effizientere Batterien konstruieren? Welche Mechanismen ermöglichen eine bessere Korrosionsbeständigkeit von Metallen? Die folgenden Kapitel bieten einen systematischen Einblick in diese faszinierende Welt der anorganischen und physikalischen Chemie - von den fundamentalen Konzepten bis zu modernsten Anwendungen. Das Verständnis dieser Grundlagen eröffnet nicht nur neue Perspektiven auf alltägliche Phänomene, sondern auch auf die großen technologischen Herausforderungen unserer Zeit.

2. 1. Anorganische Stoffklassen

ie Klassifizierung und systematische Untersuchung anorganischer Stoffe bildet das Fundament für das Verständnis chemischer Reaktionen und Materialeigenschaften. Doch wie lassen sich die vielfältigen anorganischen Verbindungen sinnvoll einteilen? Welche grundlegenden Prinzipien bestimmen ihre Eigenschaften und Reaktivität? Von Metallen über Nichtmetalle bis hin zu komplexen Kristallstrukturen zeigt sich eine faszinierende Vielfalt an Stoffklassen, deren Eigenschaften sich systematisch aus ihrer elektronischen Struktur und räumlichen Anordnung ableiten lassen. Die Kenntnis dieser Zusammenhänge ermöglicht nicht nur die gezielte Synthese neuer Materialien, sondern auch das Verständnis natürlicher Prozesse - von der Korrosion bis zur Mineralbildung. Die anorganischen Stoffklassen bilden die Basis für zahlreiche moderne Technologien, von der Mikroelektronik bis zur Energiespeicherung. Ein tiefgehendes Verständnis ihrer Eigenschaften und Wechselwirkungen ist der Schlüssel zur Lösung aktueller technologischer Herausforderungen.

„Metalle kommen in der Natur selten in reiner Form vor, sondern hauptsächlich als Verbindungen, da sie die Fähigkeit haben, Elektronen abzugeben und positive Ionen (Kationen) zu bilden."

2. 1. 1. Metalle und Metallverbindungen

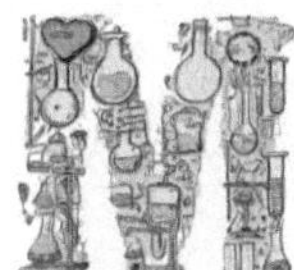

etalle und ihre Verbindungen bilden eine fundamentale Stoffklasse in der anorganischen Chemie, die sich durch charakteristische Eigenschaften und vielfältige Anwendungsmöglichkeiten auszeichnet [s66]. Die Klassifizierung erfolgt in verschiedene Hauptgruppen, darunter Alkalimetalle, Erdalkalimetalle, Übergangsmetalle, Lanthanoide, Actinoide und Edelmetalle [s67].

In der Natur kommen Metalle selten in reiner Form vor, sondern hauptsächlich als Verbindungen. Die Bildung dieser Verbindungen basiert auf der Fähigkeit der Metalle, Elektronen abzugeben und positive Ionen (Kationen) zu bilden [s68]. Ein alltägliches Beispiel hierfür ist die Korrosion von Eisen, bei der das Metall mit Sauerstoff zu Eisenoxid reagiert - der allgemein bekannte Rost. Die Bindungsverhältnisse in Metallverbindungen sind überwiegend

Eisenoxid [i11]

ionischer Natur, wobei die Metallkationen mit Nichtmetall-Anionen wechselwirken [s69]. Beispielsweise bildet Natrium (Na) mit Chlor (Cl) das uns allen bekannte Kochsalz (NaCl). Die Nomenklatur dieser Verbindungen folgt dabei strengen Regeln: Der Name des Metallkations steht an erster Stelle, gefolgt vom Anionnamen mit der Endung "-id" [s70]. Eine Besonderheit stellen die Übergangsmetalle dar, da sie verschiedene Oxidationsstufen aufweisen können [s68]. Dies wird in der Namensgebung durch römische Zahlen in Klammern gekennzeichnet. So unterscheidet man beispielsweise zwischen Eisen(II)-chlorid und Eisen(III)-chlorid. Diese Eigenschaft macht Übergangsmetalle besonders interessant für katalytische Prozesse in der chemischen Industrie.

Metalloxide bilden eine wichtige Untergruppe der Metallverbindungen [s71]. Je nach Charakter werden sie in basische, amphotere und neutrale Oxide eingeteilt. Calciumoxid (CaO), besser bekannt als "gebrannter Kalk", ist ein typisches basisches Oxid, das in der Bauindustrie große Bedeutung hat. Bei Kontakt mit Wasser bildet es Calciumhydroxid, was die Grundlage für die Mörtelerhärtung darstellt.

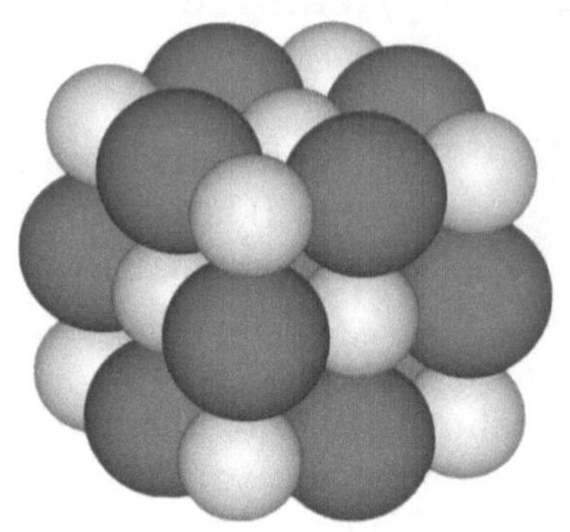

Calciumoxid [i12]

Ein faszinierendes Beispiel für die Vielfältigkeit der Metalle ist Quecksilber [s72]. Als einziges Metall ist es bei Raumtemperatur flüssig und bildet sowohl anorganische als auch organische Verbindungen. Aufgrund seiner Toxizität wird es heute jedoch in vielen Anwendungen ersetzt, beispielsweise wurden quecksilberhaltige Thermometer durch digitale Alternativen substituiert. Die Organometallchemie stellt einen wichtigen Zweig der Metallchemie dar [s73]. Hier

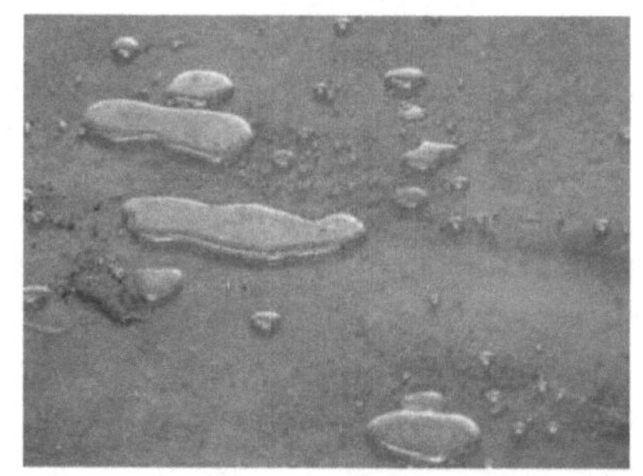

Quecksilber [i13]

werden Verbindungen untersucht, bei denen Metalle an kohlenstoffhaltige Liganden gebunden sind. Diese Verbindungen spielen eine zentrale Rolle in der industriellen Katalyse, etwa bei der Herstellung von Kunststoffen. Für die praktische Laborarbeit ist das Verständnis der Löslichkeitsregeln von Metallverbindungen essentiell. Während viele Alkalimetallverbindungen gut wasserlöslich sind, fallen Verbindungen schwerer Metalle oft als Niederschläge aus. Dies wird beispielsweise in der qualitativen Analyse zur Identifizierung von Metallionen genutzt. Die Reaktivität der Metalle folgt dabei bestimmten Trends im Periodensystem [s73]. Je weiter links und unten ein Metall steht, desto reaktiver ist es typischerweise. Dies hat praktische Konsequenzen für die Handhabung: Während Gold als Edelmetall praktisch inert ist, müssen Alkalimetalle wie Natrium unter Schutzgas gelagert werden.

Glossar

Actinoid

Eine Reihe radioaktiver Elemente (Ordnungszahlen 89-103), die dem Actinium folgen und meist künstlich hergestellt werden

amphoter

Eigenschaft einer chemischen Verbindung, sowohl als Säure als auch als Base reagieren zu können, abhängig vom Reaktionspartner

Lanthanoid

Eine Gruppe von 15 chemischen Elementen (Ordnungszahlen 57-71), die auch als 'Seltene Erden' bezeichnet werden und ähnliche chemische Eigenschaften aufweisen

Ligand

Atome, Ionen oder Moleküle, die sich an ein Zentralatom (meist ein Metall) anlagern und dabei Elektronenpaare zur Verfügung stellen

2. 1. 2. Nichtmetalle und ihre Verbindungen

ie Nichtmetalle und ihre Verbindungen nehmen eine Sonderstellung in der anorganischen Chemie ein, da sie sich fundamental von den Metallen unterscheiden [s74]. Im Periodensystem finden wir sie im oberen rechten Bereich, wo sie durch ihre besonderen elektronischen Eigenschaften und Bindungsverhalten auffallen.

Eine faszinierende Eigenschaft der Nichtmetalle ist ihre Vielfalt in den Aggregatzuständen bei Normalbedingungen. Während beispielsweise Chlor und Stickstoff als Gase vorliegen, ist Brom die einzige bei Raumtemperatur flüssige Nichtmetall-Elementsubstanz. Kohlenstoff hingegen zeigt als Feststoff verschiedene allotrope Modifikationen - vom weichen Graphit bis zum härtesten natürlich vorkommenden Material, dem Diamanten [s74]. Die Bildung chemischer Verbindungen bei Nichtmetallen folgt anderen Prinzipien als bei Metallen. Statt Elektronen abzugeben, nehmen sie diese bevorzugt auf oder teilen sie in kovalenten Bindungen. Dies führt zur Bildung von Molekülverbindungen [s75], was sich deutlich in ihren Eigenschaften widerspiegelt. Ein alltägliches Beispiel ist Wasser (H_2O), bei dem Sauerstoff kovalente Bindungen mit zwei Wasserstoffatomen eingeht. Besonders interessant ist die Säurebildung der Nichtmetalle. Wenn Halogene wie Chlor mit Wasserstoff reagieren, entstehen binäre Säuren. Die Nomenklatur folgt dabei festen Regeln: Das Präfix "hydro-" wird dem Nichtmetallnamen vorangestellt, der dann auf "-ic" endet [s75]. So wird aus Chlor und Wasserstoff die Chlorwasserstoffsäure (HCl), besser bekannt als Salzsäure - eine der wichtigsten Säuren in der chemischen Industrie. Die elektronegativitaet spielt bei Nichtmetallen eine zentrale Rolle. Sie ermöglicht Vorhersagen über Bindungsarten und physikalische Eigenschaften der entstehenden Verbindungen [s74]. In der Praxis ist dies beispielsweise bei der Entwicklung neuer Materialien von großer Bedeutung, wo die Kenntnis der Bindungsverhältnisse essentiell ist. Ein faszinierendes Phänomen ist die <u>Allotropie</u>, die bei vielen Nichtmetallen auftritt. Schwefel beispielsweise existiert in verschiedenen stabilen Formen, die sich in ihrer Struktur und Reaktivität unterscheiden [s74]. Diese Eigenschaft wird in der Industrie genutzt, etwa bei der Vulkanisation von Gummi, wo Schwefel zur Vernetzung der Kautschukmoleküle verwendet wird. Phosphor zeigt ebenfalls verschiedene allotrope Formen mit unterschiedlicher Reaktivität [s74]. Der weiße Phosphor ist dabei so reaktiv, dass er sich an der Luft selbst entzündet und daher unter Wasser gelagert werden muss. Der rote Phosphor hingegen ist stabiler und findet sich beispielsweise in der Reibfläche von Streichholzschachteln. Die Bildung polyatomarer Ionen ist eine weitere wichtige Eigenschaft der Nichtmetalle [s75]. Diese aus mehreren Atomen bestehenden Ionen, wie etwa das Sulfat-Ion (SO_4^{2-}), sind durch kovalente Bindungen verbunden und spielen eine zentrale Rolle in biologischen Systemen und industriellen Prozessen. In der modernen Forschung gewinnen Nichtmetallverbindungen zunehmend an Bedeutung, besonders im Bereich der Koordinationschemie [s76]. Hier werden komplexe Wechselwirkungen zwischen verschiedenen Bindungsarten untersucht, was neue Perspektiven für die Entwicklung von Katalysatoren und Funktionsmaterialien eröffnet.

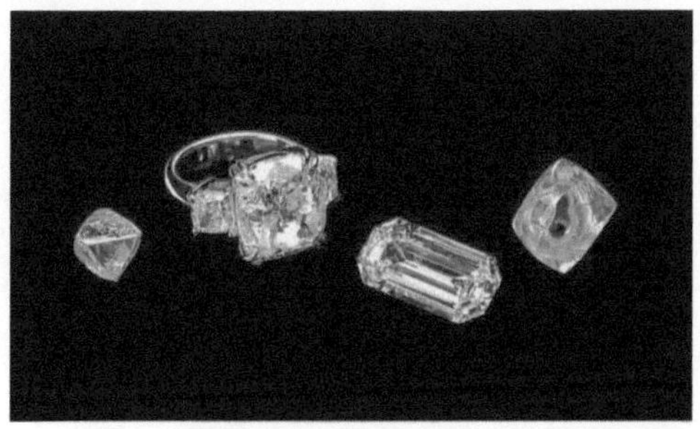

Diamant [i14]

Glossar

Allotropie
Bezeichnet die Eigenschaft eines chemischen Elements in verschiedenen Kristallstrukturen oder Molekülformen vorzukommen, die sich in ihren physikalischen Eigenschaften unterscheiden können, wie zum Beispiel Härte oder elektrische Leitfähigkeit

Koordinationschemie
Teilgebiet der Chemie, das sich mit der Bildung von Komplexverbindungen befasst, bei denen ein zentrales Metallatom von Liganden umgeben ist

2. 1. 3. Komplexverbindungen

Komplexverbindungen, auch Koordinationsverbindungen genannt, stellen eine faszinierende Stoffklasse in der anorganischen Chemie dar, die sich durch ihre einzigartigen strukturellen und funktionellen Eigenschaften auszeichnet [s77]. Im Zentrum dieser Verbindungen steht ein Metallatom oder Metallion, das von verschiedenen liganden umgeben ist. Diese Liganden sind Moleküle oder Ionen, die über freie Elektronenpaare verfügen und diese dem Metallzentrum zur Verfügung stellen [s78]. Die Bildung von Komplexverbindungen basiert auf dem Lewis-Säure-Base-Prinzip, wobei das zentrale Metallatom als Lewis-Säure (Elektronenpaarakzeptor) und die Liganden als Lewis-Basen (Elektronenpaardonoren) fungieren [s77]. Ein anschauliches Beispiel hierfür ist der Hexaquakupfer(II)-Komplex [#Cu(H2O)6]2+, bei dem sechs Wassermoleküle als Liganden an ein zentrales Kupferion gebunden sind. Dieser Komplex verleiht Kupfersulfat-Lösungen ihre charakteristische blaue Farbe [s79]. Die Anzahl der Donoratome, die direkt an das zentrale Metallatom gebunden sind, wird als Koordinationszahl bezeichnet [s78]. Diese kann zwischen 1 und 16 variieren, wobei eine Koordinationszahl von 6 besonders häufig auftritt [s77]. In der Praxis ist die Kenntnis der Koordinationszahl wichtig für die gezielte Synthese von Komplexverbindungen und die Vorhersage ihrer Eigenschaften.

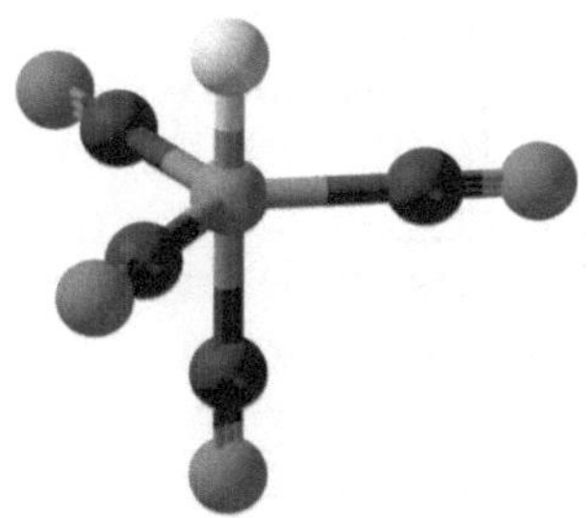

Liganden [i15]

Liganden können nach ihrer Bindungsart in verschiedene Kategorien eingeteilt werden. Monodentate Liganden, wie Wasser oder Ammoniak, binden über ein einzelnes Donoratom an das Metallzentrum. Polydentate Liganden hingegen, auch Chelatliganden genannt, können über mehrere Donoratome binden [s79]. Ein wichtiges Beispiel ist EDTA (Ethylendiamintetraessigsäure), das in der

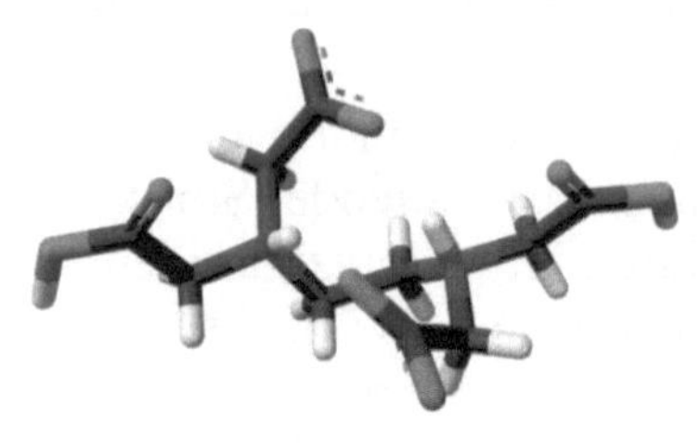

EDTA [i16]

analytischen Chemie zur Komplexierung von Metallionen verwendet wird und in Waschmitteln als Wasserenthärter dient. Die Stabilität von Komplexverbindungen wird maßgeblich durch die Art der Liganden beeinflusst. Chelatliganden bilden dabei besonders stabile Komplexe, was als Chelateffekt bezeichnet wird [s77]. Dieses Prinzip findet praktische Anwendung in der Medizin, beispielsweise bei der Behandlung von Schwermetallvergiftungen durch die Gabe von Chelatbildnern. Komplexverbindungen spielen auch in biologischen Systemen eine zentrale Rolle [s80]. Das bekannteste Beispiel ist das Hämoglobin, ein eisenhaltiger Komplex, der für den Sauerstofftransport im Blut verantwortlich ist. Auch viele Enzyme enthalten Metallkomplexe als aktive Zentren, die essentiell für ihre katalytische Funktion sind.

Eine besondere Klasse bilden die organometallischen Komplexverbindungen, die sich durch direkte Metall-Kohlenstoff-Bindungen auszeichnen [s80]. Ein faszinierendes Beispiel ist das Ferrocen, das eine "Sandwich"-Struktur aufweist, bei der ein Eisenatom zwischen zwei Cyclopentadienyl-Ringen eingebettet ist. Solche Verbindungen finden Anwendung als Katalysatoren in der chemischen Industrie. Die Farbe von Komplexverbindungen wird durch die Wechselwirkung zwischen Metallzentrum und Liganden bestimmt [s79]. Durch die Ligandenfeldaufspaltung entstehen charakteristische

Ferrocen [i17]

Absorptionsspektren, die zu den oft intensiven Farben dieser Verbindungen führen. Dieses Prinzip wird in der qualitativen Analyse zur Identifizierung von

Metallionen genutzt. In der modernen Forschung gewinnen Komplexverbindungen zunehmend an Bedeutung, insbesondere im Bereich der Katalyse und Materialwissenschaften [s81]. Neue Synthesemethoden ermöglichen die gezielte Herstellung von Komplexen mit maßgeschneiderten Eigenschaften, was neue Anwendungen in der Technik und Medizin eröffnet.

Glossar

Komplexverbindung

Chemische Verbindungen, die aus einem räumlichen Netzwerk von Atomen bestehen, wobei ein zentrales Metallatom von anderen Molekülen oder Ionen umschlossen wird. Sie können als Farbpigmente, in Katalysatoren oder als Kontrastmittel eingesetzt werden.

EDTA

Ein wichtiger synthetischer Chelatligand, der in der Lebensmittelindustrie als Konservierungsmittel E385 eingesetzt wird und in der Fotografie zur Stabilisierung von Entwicklerlösungen dient.

Ferrocen

Eine metallorganische Verbindung, die als Antiklopfmittel in Kraftstoffen verwendet wird und in der Materialforschung zur Entwicklung neuer elektronischer Bauteile beiträgt.

2. 1. 4. Kristallstrukturen

ristallstrukturen bilden das fundamentale Gerüst der Festkörperchemie und sind von essentieller Bedeutung für das Verständnis der Eigenschaften von Materialien [s82]. Die regelmäßige, periodische Anordnung von Atomen oder Ionen im dreidimensionalen Raum folgt dabei strengen geometrischen Prinzipien. Die Klassifizierung von Kristallstrukturen erfolgt über die 14 Bravais-Gitter, die sich in sieben grundlegende Kristallsysteme einteilen lassen: kubisch, tetragonal, orthorhombisch, rhomboedrisch, hexagonal, monoklin und triklin [s83]. Das kubische System zeichnet sich durch seine hohe Symmetrie aus - alle Kanten sind gleich lang und stehen im 90-Grad-Winkel zueinander. Diese Symmetrieeigenschaften haben direkten Einfluss auf physikalische Eigenschaften wie thermische Leitfähigkeit oder mechanische Stabilität. Ein fundamentales Konzept ist die dichte Packung von Atomen, wobei zwei Haupttypen unterschieden werden: die hexagonal dichte Packung (hdp) und die kubisch dichte Packung (kdp) [s84]. Bei der hdp wiederholt sich das Packungsmuster nach zwei Schichten (ABABAB...), während die kdp eine dreischichtige Wiederholung aufweist (ABCABC...). Diese Packungsprinzipien finden sich in vielen natürlichen und synthetischen Materialien wieder - beispielsweise kristallisiert Magnesium in der hdp-Struktur, während Kupfer eine kdp-Struktur aufweist. Für die präzise Beschreibung von Kristallstrukturen verwendet man Miller-Indizes, die durch die Notation (hkl) Kristallebenen eindeutig charakterisieren [s83]. Diese mathematische Beschreibung ist essentiell für die Röntgenstrukturanalyse, eine der wichtigsten Methoden zur Strukturaufklärung. In der praktischen Anwendung ermöglicht dies beispielsweise die gezielte Optimierung von Halbleitermaterialien für die Mikroelektronik. Ionische Kristalle zeigen aufgrund der starken elektrostatischen Wechselwirkungen zwischen den Ionen besondere Eigenschaften [s85]. Die dreidimensionale Gitterstruktur resultiert in hohen Schmelzpunkten und typischer Sprödigkeit. Ein alltägliches Beispiel ist Kochsalz (NaCl), dessen kubische Kristallstruktur sich in der charakteristischen Würfelform der Salzkristalle widerspiegelt. Moderne Visualisierungswerkzeuge ermöglichen heute die dreidimensionale Darstellung und Analyse von Kristallstrukturen [s86]. Dies ist besonders wertvoll für die Materialforschung, wo die genaue Kenntnis der atomaren Anordnung die Entwicklung neuer Materialien mit maßgeschneiderten

Eigenschaften ermöglicht. Die Bedeutung von Kristallstrukturen erstreckt sich weit über die akademische Forschung hinaus. In der Halbleiterindustrie ist die präzise Kontrolle der Kristallstruktur entscheidend für die Leistungsfähigkeit elektronischer Bauteile. Auch in der Pharmazie spielt die Kristallstruktur eine wichtige Rolle, da sie die Bioverfügbarkeit von Medikamenten beeinflusst. Defekte in Kristallstrukturen, ob natürlich vorkommend oder gezielt eingebracht, haben einen erheblichen Einfluss auf die Materialeigenschaften [s82]. Diese Erkenntnis wird beispielsweise bei der Dotierung von Halbleitern genutzt, wo gezielt eingebrachte Fremdatome die elektrischen Eigenschaften fundamental verändern. Die ionische Leitfähigkeit in Festkörpern, ein wichtiges Phänomen für moderne Batterietechnologien, wird maßgeblich durch die Kristallstruktur bestimmt [s82]. Das Verständnis der Ionenbewegung durch das Kristallgitter ermöglicht die Entwicklung effizienterer Energiespeichersysteme.

ionische Kristalle [i18]

Glossar

Bravais-Gitter

Ein mathematisches Konzept zur Beschreibung der möglichen
Anordnungen von Gitterpunkten im dreidimensionalen Raum,
benannt nach Auguste Bravais. Diese Gitter sind die Grundlage für
das Verständnis von Kristallsymmetrien.

Miller-Index

Ein Zahlentripel zur eindeutigen Kennzeichnung von Ebenen in
Kristallgittern, entwickelt von William Hallowes Miller. Sie
ermöglichen die mathematische Berechnung von Beugungsmustern
in der Kristallographie.

Röntgenstrukturanalyse

Eine physikalische Untersuchungsmethode, die die Beugung von
Röntgenstrahlen an kristallinen Strukturen nutzt. Sie wurde 1912
von Max von Laue entdeckt und revolutionierte die
Materialforschung.

Zusammenfassung - 2. 1. Anorganische Stoffklassen

- Metalle bilden hauptsächlich ionische Verbindungen durch Elektronenabgabe und Kationenbildung

- Übergangsmetalle können verschiedene Oxidationsstufen aufweisen, was sie zu wichtigen Katalysatoren macht

- Metalloxide werden in basische, amphotere und neutrale Oxide klassifiziert

- Die Reaktivität der Metalle steigt im Periodensystem von rechts oben nach links unten

- Nichtmetalle bilden bevorzugt kovalente Bindungen und Molekülverbindungen

- Viele Nichtmetalle zeigen Allotropie - verschiedene stabile Modifikationen derselben Elementsubstanz

- Die Elektronegativität der Nichtmetalle ermöglicht Vorhersagen über Bindungsarten und physikalische Eigenschaften

- Komplexverbindungen basieren auf dem Lewis-Säure-Base-Prinzip mit Metallatomen als Elektronenpaarakzeptoren

- Der Chelateffekt führt zu besonders stabilen Komplexen durch mehrfache Bindung der Liganden

- Die Ligandenfeld-Aufspaltung bestimmt die charakteristischen Farben von Komplexverbindungen

- Kristallstrukturen werden durch 14 Bravais-Gitter in sieben Kristallsystemen klassifiziert

- Hexagonal dichte (hdp) und kubisch dichte Packung (kdp) sind fundamentale Packungsprinzipien

- Miller-Indizes ermöglichen die präzise mathematische Beschreibung von Kristallebenen

- Kristalldefekte haben erheblichen Einfluss auf Materialeigenschaften wie elektrische Leitfähigkeit

2. 2. Thermodynamik

ie Thermodynamik bildet das Fundament für unser Verständnis von Energieumwandlungen und Stofftransformationen in der Natur. Wie kommt es, dass ein heißer Kaffee abkühlt, aber eine kalte Tasse sich nicht spontan erwärmt? Warum laufen bestimmte chemische Reaktionen von selbst ab, während andere zusätzliche Energie benötigen? Und weshalb können wir Wärmeenergie nie vollständig in mechanische Arbeit umwandeln? Die Antworten auf diese Fragen liefern die Hauptsätze der Thermodynamik. Sie beschreiben präzise die Gesetzmäßigkeiten von Energieumwandlungen und setzen ihnen fundamentale Grenzen. Zusammen mit den Konzepten der Enthalpie und Entropie ermöglichen sie uns, chemische Reaktionen und Phasenübergänge quantitativ zu erfassen und vorherzusagen. Die praktische Bedeutung der Thermodynamik erstreckt sich von der Entwicklung effizienter Wärmekraftmaschinen über die Optimierung chemischer Prozesse bis hin zum Verständnis biologischer Systeme. Die folgenden Abschnitte zeigen, wie die thermodynamischen Prinzipien unser tägliches Leben durchdringen und die Grundlage für zahlreiche technologische Anwendungen bilden.

„Der erste Hauptsatz der Thermodynamik besagt, dass Energie weder erschaffen noch vernichtet werden kann - sie kann lediglich ihre Form ändern."

2. 2. 1. Hauptsätze der Thermodynamik

ie Hauptsätze der Thermodynamik bilden das fundamentale Grundgerüst für das Verständnis von Energieumwandlungen und Wärmetransport in der Natur. Sie beschreiben präzise, wie Energie sich verhält und welche Grenzen es bei ihrer Umwandlung gibt [s87]. Beginnen wir mit dem nullten Hauptsatz, der das Konzept der Temperatur formal definiert: Wenn zwei Systeme jeweils im thermischen Gleichgewicht mit einem dritten System sind, dann befinden sie sich auch untereinander im thermischen Gleichgewicht [s88]. Dies mag zunächst trivial erscheinen, ist aber fundamental wichtig - beispielsweise ermöglicht dieser Satz überhaupt erst die verlässliche Temperaturmessung mit einem Thermometer. Der erste Hauptsatz der Thermodynamik, auch als Energieerhaltungssatz bekannt, besagt, dass Energie weder erschaffen noch vernichtet werden kann - sie kann lediglich ihre Form ändern [s89]. In der Praxis bedeutet dies beispielsweise, dass die elektrische Energie, die ein Wasserkocher aufnimmt, vollständig in Wärmeenergie und eine kleine Menge Schallenergie (das typische Kochgeräusch) umgewandelt wird. Die Gesamtenergie bleibt dabei konstant. Die mathematische Formulierung $\Delta U = Q - W$ beschreibt, dass die Änderung der inneren Energie (ΔU) eines Systems der Differenz aus zugeführter Wärme (Q) und geleisteter Arbeit (W) entspricht [s90]. Der zweite Hauptsatz der Thermodynamik führt das Konzept der <u>Entropie</u> ein und beschreibt die Richtung, in der natürliche Prozesse ablaufen [s91]. Er besagt, dass die Gesamtentropie eines isolierten Systems nie abnehmen kann - sie bleibt entweder konstant (bei reversiblen Prozessen) oder nimmt zu (bei irreversiblen Prozessen) [s92]. Ein alltägliches Beispiel ist eine Tasse heißer Kaffee: Die Wärme fließt stets vom heißen Kaffee in die kühlere Umgebung, nie umgekehrt. Die Entropie kann dabei mit der Formel $\Delta S = Q/T$ berechnet werden [s90]. Der dritte Hauptsatz schließlich macht eine Aussage über das Verhalten von Materie nahe dem absoluten Nullpunkt: Die Entropie eines perfekten Kristalls nähert sich bei einer Temperatur von 0 Kelvin (-273,15°C) dem Wert null an [s93]. Dies hat wichtige Konsequenzen für die Tieftemperaturphysik und erklärt, warum es unmöglich ist, den absoluten Nullpunkt tatsächlich zu erreichen. Diese Hauptsätze haben weitreichende praktische Konsequenzen: Sie erklären beispielsweise, warum <u>Perpetuum-Mobile</u>-Maschinen unmöglich sind und warum Wärmekraftmaschinen wie Automotoren niemals einen Wirkungsgrad von 100% erreichen können. Bei der Konstruktion von

Wärmekraftmaschinen muss man sich dieser fundamentalen Grenzen bewusst sein. Ein moderner Automotor erreicht beispielsweise einen Wirkungsgrad von etwa 35%, was bedeutet, dass etwa zwei Drittel der im Kraftstoff enthaltenen Energie als Wärme an die Umgebung abgegeben wird. Die Irreversibilität vieler alltäglicher Prozesse, wie das Vermischen von heißem und kaltem Wasser oder das Ausbreiten eines Gases im Raum, lässt sich durch den zweiten Hauptsatz erklären [s91]. Diese Prozesse laufen spontan nur in eine Richtung ab - die Richtung zunehmender Entropie. Um sie umzukehren, wäre zusätzliche Energie nötig. Für die praktische Anwendung in Laboratorien und in der Industrie bedeutet dies, dass man bei der Planung von Prozessen stets die Energieerhaltung (erster Hauptsatz) und die unvermeidliche Entropiezunahme (zweiter Hauptsatz) berücksichtigen muss. Bei der Optimierung von chemischen Reaktionen oder technischen Prozessen ist es daher wichtig, Wärmeverluste zu minimieren und Prozesse möglichst nahe am thermodynamischen Gleichgewicht ablaufen zu lassen.

Glossar

Entropie

Ein physikalisches Maß für die Unordnung eines Systems. Je höher die Entropie, desto mehr mögliche Zustände kann ein System einnehmen und desto weniger Energie ist nutzbar für gerichtete Arbeit.

Perpetuum Mobile

Ein hypothetisches Gerät, das ohne Energiezufuhr von außen dauerhaft Arbeit verrichten soll. Nach den Hauptsätzen der Thermodynamik ist dies unmöglich.

2. 2. 2. Enthalpie und Entropie

ie Enthalpie und entropie sind zwei fundamentale Konzepte der Thermodynamik, die eng miteinander verwoben sind und maßgeblich das Verhalten chemischer Reaktionen und physikalischer Prozesse bestimmen. Die Enthalpie (H) ist definiert als die Summe der inneren Energie eines Systems plus das Produkt aus Druck und Volumen ($H = U + pV$) [s94]. Sie repräsentiert damit den Gesamtenergieinhalt eines Systems unter Berücksichtigung der Druck-Volumen-Arbeit [s95]. In der praktischen Anwendung ist besonders die Enthalpieänderung ΔH von Bedeutung. Bei einer exothermen Reaktion, wie beispielsweise der Verbrennung von Erdgas in einem Heizkessel, wird Energie in Form von Wärme an die Umgebung abgegeben (negative ΔH). Bei endothermen Reaktionen hingegen, wie dem Schmelzen von Eis, wird Energie aus der Umgebung aufgenommen (positive ΔH) [s96]. Ein wichtiges Prinzip ist das Gesetz von Hess, welches besagt, dass die Enthalpieänderung einer Reaktion unabhängig vom Reaktionsweg ist [s97]. Dies ermöglicht es Chemikern, die Gesamtenthalpieänderung komplexer Reaktionen durch Addition der Enthalpieänderungen einzelner Teilschritte zu berechnen. In der industriellen Praxis nutzt man dies beispielsweise bei der Optimierung von Syntheserouten, um energieeffiziente Reaktionswege zu identifizieren.

Die Entropie (S) hingegen ist ein Maß für die Unordnung oder Zufälligkeit eines Systems [s96]. Bei molekularen Prozessen steigt die Entropie beispielsweise an, wenn:
- Feststoffe schmelzen oder verdampfen
- Gase sich ausbreiten
- Moleküle sich in einem Lösungsmittel verteilen [s97]

Ein faszinierendes Beispiel für das Zusammenspiel von Enthalpie und Entropie findet sich in der Proteinfaltung [s98]. Der gefaltete Zustand wird durch verschiedene enthalpische Beiträge wie Wasserstoffbrücken stabilisiert, während der entfaltete Zustand entropisch begünstigt ist. Die gibbsenergie (G) verknüpft Enthalpie und Entropie durch die Gleichung $\Delta G = \Delta H - T\Delta S$ [s96]. Diese Beziehung ist von enormer praktischer Bedeutung, da sie vorhersagt, ob eine Reaktion spontan abläuft ($\Delta G < 0$). Bei der Entwicklung neuer chemischer Prozesse muss man beide Faktoren berücksichtigen: Eine exotherme Reaktion (negative ΔH) läuft nicht zwangsläufig spontan ab, wenn sie mit einer ungünstigen Entropieänderung (negative ΔS) verbunden ist. In der biochemischen Forschung zeigt sich die Komplexität dieser Zusammenhänge besonders deutlich. Studien an T-Zell-Rezeptoren haben gezeigt, dass deren Bindung an Peptid/MHC-Komplexe sowohl mit günstigen als auch ungünstigen Entropieänderungen einhergehen kann [s99]. Dies verdeutlicht, dass biologische Systeme oft ein fein ausbalanciertes Zusammenspiel von enthalpischen und entropischen Beiträgen aufweisen. Für die praktische Laborarbeit sind standardisierte Tabellen unerlässlich, die thermodynamische Größen wie Bildungsenthalpien, Gibbs-Energien und absolute Entropien bei definierten Bedingungen (typischerweise 25°C und 1 atm) auflisten [s95]. Diese Daten ermöglichen die präzise Planung und Optimierung chemischer Prozesse.

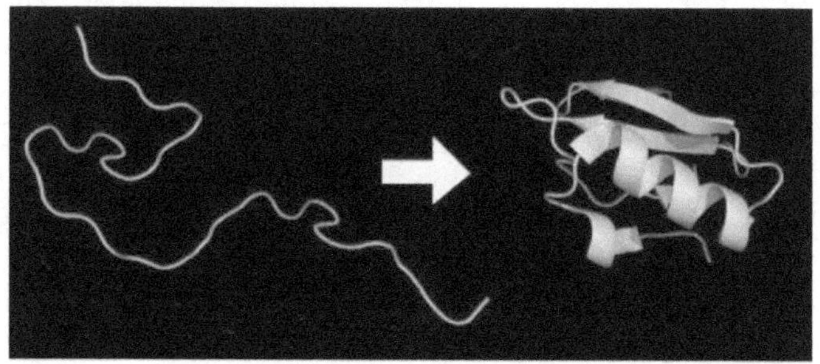

Proteinfaltung [i19]

2. 2. 3. Phasenübergänge

hasenübergänge beschreiben fundamentale Transformationen der Materie zwischen verschiedenen Aggregatzuständen wie fest, flüssig und gasförmig [s100]. Diese Übergänge sind allgegenwärtig in der Natur und spielen eine zentrale Rolle in vielen technologischen Anwendungen [s101]. Ein Phasenübergang findet statt, wenn die äußeren Bedingungen wie Temperatur oder Druck sich so ändern, dass eine Phasengrenze überschritten wird [s100]. Die Bedingungen für einen Phasenübergang werden durch die Gleichheit der chemischen Potentiale der beteiligten Phasen bestimmt. Dies lässt sich mathematisch durch die Clapeyron-Gleichung beschreiben, die den Zusammenhang zwischen Druck- und Temperaturänderung an der Phasengrenze angibt [s100]. Bei Phasenübergängen spielt die latente Wärme eine wichtige Rolle - sie beschreibt die Energiemenge, die für den Übergang benötigt wird [s102]. Beim Schmelzen beispielsweise wird die Schmelzenthalpie ΔH_{fus} aufgenommen, während beim Erstarren die gleiche Energiemenge wieder freigesetzt wird. Ähnlich verhält es sich bei der Verdampfung mit der Verdampfungsenthalpie ΔH_{vap} [s102]. Ein faszinierendes Beispiel ist die Sublimation, bei der ein Feststoff direkt in die Gasphase übergeht - wie man es von Trockeneis (festem CO_2) kennt.

Phasenübergänge können in zwei Kategorien eingeteilt werden [s103]:
- Diskontinuierliche (1. Ordnung): Hier tritt eine sprunghafte Änderung der Eigenschaften auf, verbunden mit latenter Wärme
- Kontinuierliche (2. Ordnung): Die Eigenschaften ändern sich stetig

Ein wichtiges Werkzeug zum Verständnis von Phasenübergängen sind Phasendiagramme [s104]. Sie zeigen grafisch die Stabilitätsbereiche verschiedener Phasen in Abhängigkeit von Parametern wie Druck und Temperatur. Die Gibbs'sche Phasenregel $P + F = C + 2$ gibt dabei an, wie viele Parameter frei wählbar sind [s104]. In der Praxis spielen Keimbildungsprozesse eine wichtige Rolle. Bei der Verdampfung beispielsweise entstehen Dampfblasen bevorzugt an Nucleationsstellen wie Oberflächenrauigkeiten [s101]. Dies erklärt, warum Wasser in einem sehr glatten Gefäß überhitzt werden kann - es fehlen Keimbildungszentren für die Blasenbildung. Besonders interessant sind Phasenübergänge in komplexeren Systemen. In der Biologie können zelluläre Transformationen, wie der Übergang von normalen zu Krebszellen, als Nicht-Gleichgewichts-Phasenübergänge verstanden werden [s105]. Diese sind durch charakteristische Änderungen der Zellstruktur und -funktion gekennzeichnet. Die <u>Landau-Theorie</u> liefert einen theoretischen Rahmen zum Verständnis von Phasenübergängen [s103]. Sie führt den Begriff des Ordnungsparameters ein, der den Grad der Symmetriebrechung beim Übergang beschreibt. In Festkörpern äußert sich dies oft in charakteristischen Änderungen der Kristallstruktur. Für die praktische Anwendung, etwa in der Verfahrenstechnik, ist das Verständnis von Phasenübergängen essentiell. Bei der Destillation nutzt man gezielt die unterschiedlichen Siedepunkte von Flüssigkeiten zur Trennung von Gemischen. In der Kristallzüchtung ist die präzise Kontrolle des Erstarrungsprozesses entscheidend für die Qualität der entstehenden Kristalle.

Glossar

Clapeyron-Gleichung

Eine thermodynamische Formel, die den Zusammenhang zwischen Dampfdruck und Temperatur beschreibt. Sie ermöglicht die Berechnung der Steigung von Phasengrenzen in Phasendiagrammen.

Gibbs'sche Phasenregel

Eine mathematische Beziehung zur Berechnung der Anzahl der Freiheitsgrade in einem thermodynamischen System. Sie hilft bei der Vorhersage möglicher Phasenkombinationen.

Landau-Theorie

Ein mathematisches Modell zur Beschreibung von Phasenübergängen, das besonders bei der Untersuchung von Supraleitern und Ferromagneten Anwendung findet.

Nucleationsstelle

Punktförmige Störungen oder Unregelmäßigkeiten in einem Material, die als Ausgangspunkt für Phasenübergänge dienen können, wie etwa mikroskopische Kratzer oder Verunreinigungen.

Zusammenfassung - 2. 2. Thermodynamik

- Die Hauptsätze der Thermodynamik bilden das fundamentale Gerüst für Energieumwandlungen, wobei der nullte Hauptsatz die Transitivität des thermischen Gleichgewichts definiert

- Die mathematische Formulierung $\Delta U = Q - W$ beschreibt die Änderung der inneren Energie eines Systems als Differenz aus zugeführter Wärme und geleisteter Arbeit

- Die Entropie eines isolierten Systems kann nie abnehmen und wird durch $\Delta S = Q/T$ berechnet

- Der dritte Hauptsatz besagt, dass die Entropie eines perfekten Kristalls bei 0 Kelvin gegen null geht

- Moderne Automotoren erreichen aufgrund thermodynamischer Grenzen nur etwa 35% Wirkungsgrad

- Die Enthalpie H ist definiert als Summe der inneren Energie plus Druck-Volumen-Arbeit ($H = U + pV$)

- Das Gesetz von Hess ermöglicht die Berechnung von Gesamtenthalpieänderungen durch Addition von Teilschritten

- Die Gibbs-Energie verknüpft Enthalpie und Entropie durch $\Delta G = \Delta H - T\Delta S$ und bestimmt die Spontanität von Reaktionen

- Die Clapeyron-Gleichung beschreibt den Zusammenhang zwischen Druck- und Temperaturänderung an Phasengrenzen

- Die Gibbs'sche Phasenregel $P + F = C + 2$ bestimmt die Anzahl frei wählbarer Parameter in Mehrphasensystemen

- Die Landau-Theorie erklärt Phasenübergänge durch Ordnungsparameter und Symmetriebrechung

2. 3. Elektrochemie

Die Elektrochemie verbindet zwei fundamentale Bereiche der Naturwissenschaften: die Chemie und die Elektrizitätslehre. Wie können chemische Reaktionen elektrische Energie erzeugen? Warum leiten manche Lösungen den Strom, während andere als Isolatoren wirken? Diese Fragen beschäftigen Wissenschaftler seit der zufälligen Entdeckung der "tierischen Elektrizität" durch Luigi Galvani im 18. Jahrhundert. Die praktische Bedeutung der Elektrochemie ist heute größer denn je: Von der Energiespeicherung in Batterien über die Wasserstoffproduktion durch Elektrolyse bis hin zum Korrosionsschutz wertvoller Infrastruktur – elektrochemische Prozesse sind allgegenwärtig. Dabei stellen sich stets neue Herausforderungen: Wie lässt sich die Effizienz von Brennstoffzellen steigern? Welche Elektrolyte eignen sich für die nächste Generation von Hochleistungsbatterien? Die Antworten auf diese Fragen erfordern ein tiefes Verständnis der grundlegenden Prinzipien der Elektrochemie. Von der Ionenleitfähigkeit in Elektrolyten über die Funktionsweise galvanischer Elemente bis zu den Mechanismen der Korrosion – jeder dieser Aspekte birgt spannende Einblicke in das Zusammenspiel von chemischen und elektrischen Prozessen. Die folgenden Abschnitte beleuchten diese Themen im Detail und zeigen, wie theoretische Grundlagen und praktische Anwendungen Hand in Hand gehen.

„Elektrolyte sind Substanzen, die in Lösung oder Schmelze elektrischen Strom durch Ionenleitung transportieren können.“

2. 3. 1. Elektrolyte und Ionenleitfähigkeit

lektrolyte sind Substanzen, die in Lösung oder Schmelze elektrischen Strom durch Ionenleitung transportieren können [s106]. Diese fundamentale Eigenschaft macht sie zu einem unverzichtbaren Bestandteil vieler technologischer Anwendungen, von Batterien bis hin zu elektrochemischen Sensoren. Betrachten wir beispielsweise eine Kochsalzlösung: Sobald sich Natriumchlorid in Wasser löst, dissoziiert es vollständig in Na+ und Cl--Ionen, die dann als Ladungsträger fungieren. Die Ionenleitfähigkeit eines Elektrolyten wird maßgeblich durch verschiedene Faktoren beeinflusst. Ein entscheidender Parameter ist die Konzentration der Lösung [s107]. Bei sehr verdünnten Lösungen liegen die Ionen gut separiert vor, während bei höheren Konzentrationen die geringere Menge an Lösungsmittel zur Bildung von Ionenclustern führt [s108]. Dies erklärt, warum die Leitfähigkeit nicht linear mit der Konzentration zunimmt - ein Phänomen, das sich beispielsweise bei der Optimierung von Batterieelektrolyten bemerkbar macht. Die Temperatur spielt ebenfalls eine wichtige Rolle: Mit steigender Temperatur erhöht sich die Ionenleitfähigkeit, wobei dieser Effekt in hochkonzentrierten Lösungen besonders ausgeprägt ist [s108]. In der Praxis nutzt man diesen Zusammenhang beispielsweise bei der Entwicklung von Hochtemperaturbatterien, wo höhere Betriebstemperaturen zu besserer Ionenmobilität führen. Besonders interessant ist die Beobachtung, dass die Ionenleitfähigkeit stark von der Art der beteiligten Ionen abhängt. Die Leitfähigkeit folgt dabei der Reihenfolge H+ > NH4+ > Ca2+ > Li+ [s108], was auf unterschiedliche Ladungsdichten und Mobilitäten zurückzuführen ist. Ein praktisches Beispiel hierfür findet sich in der Entwicklung von Lithium-Ionen-Batterien, wo die relativ langsame Bewegung von Li+-Ionen eine besondere Herausforderung darstellt [s109]. Moderne Forschungsansätze untersuchen zunehmend auch alternative Elektrolytsysteme, wie beispielsweise Mischungen aus ionischen Flüssigkeiten und organischen Carbonaten [s110]. Diese zeigen vielversprechende Eigenschaften hinsichtlich Leitfähigkeit und Stabilität. Die Viskosität spielt dabei eine Schlüsselrolle: Je niedriger die Viskosität, desto höher die Ionenleitfähigkeit. Ein faszinierender Aspekt der Ionenleitfähigkeit zeigt sich in der Beziehung zwischen mikroskopischer und makroskopischer Bewegung: Die Absorption von Elektrolyten bei etwa 0,3 THz gibt Aufschluss über die lokale Ionenumgebung [s111]. Dabei korreliert die Amplitude der hochfrequenten Ionenbewegungen direkt mit der makroskopischen Leitfähigkeit - ein Zusammenhang, der für das grundlegende Verständnis von Ionentransportprozessen wichtig ist. In der praktischen Anwendung, beispielsweise bei der Entwicklung von Batterieelektrolyten, muss oft ein Kompromiss zwischen verschiedenen Eigenschaften gefunden werden. Hochkonzentrierte Elektrolytlösungen (über 3 M) können zwar die Bildung von Schutzschichten und die Morphologie von Ablagerungen verbessern, führen aber auch zu erhöhter Viskosität und damit potenziell verringerter Ionenmobilität [s107]. Für die analytische Praxis ist besonders relevant, dass die Leitfähigkeit von Elektrolytlösungen zur Bestimmung von Art und Konzentration der Ionen genutzt werden kann [s106]. Dies findet beispielsweise in der Wasseranalytik oder der Qualitätskontrolle in der chemischen Industrie Anwendung.

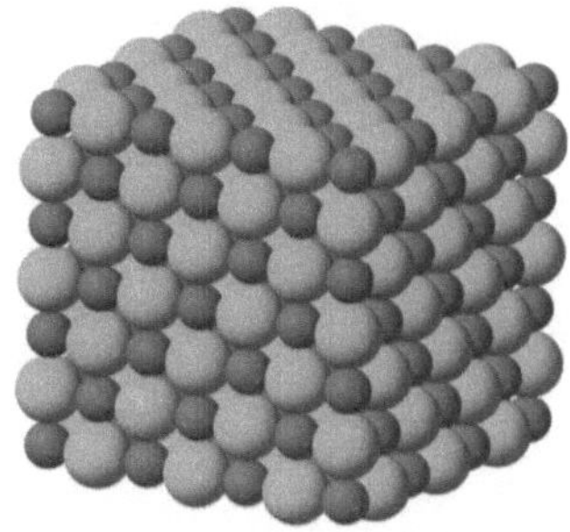

Natriumchlorid [i20]

Glossar

Elektrolyt

Chemische Verbindungen, die durch Spaltung in geladene Teilchen entstehen. Sie können fest, flüssig oder gelöst vorliegen und sind essentiell für biologische Prozesse wie die Nervenreizleitung.

Viskosität

Maß für die innere Reibung einer Flüssigkeit, die den Widerstand gegen das Fließen angibt. Sie wird oft als 'Zähigkeit' bezeichnet und in Pascal-Sekunden gemessen.

2. 3. 2. Galvanische Elemente

alvanische Elemente, auch als voltaische Zellen bekannt, sind faszinierende elektrochemische Systeme, die chemische in elektrische Energie umwandeln [s112]. Diese spontan ablaufenden Prozesse bilden die Grundlage für viele moderne Energiespeicher- und Wandlungssysteme. Im Gegensatz zu elektrolytischen Zellen benötigen sie keine externe Energiezufuhr [s113]. Der grundlegende Aufbau eines galvanischen Elements besteht aus zwei Halbzellen, die durch eine Salzbrücke verbunden sind [s114]. Jede Halbzelle enthält ein Redoxpaar, wobei an der Anode die Oxidation und an der Kathode die Reduktion stattfindet [s115]. Ein klassisches Beispiel ist das Daniell-Element, bei dem Zink in einer Zinksulfatlösung als Anode und Kupfer in einer Kupfersulfatlösung als Kathode fungiert. Die Salzbrücke, üblicherweise gefüllt mit Kaliumchlorid-Lösung, gewährleistet dabei die elektrische Kontinuität und verhindert gleichzeitig die direkte Vermischung der Elektrolytlösungen [s113]. Für die wissenschaftliche Dokumentation und Kommunikation hat sich eine standardisierte Zellnotation etabliert. Diese beginnt links mit der Anode und endet rechts mit der Kathode, wobei die Salzbrücke durch zwei vertikale Striche "||" symbolisiert wird [s116]. Beispielsweise würde die Notation für das Daniell-Element lauten: $Zn|Zn^{2+}||Cu^{2+}|Cu$. Ein besonders zukunftsweisender Aspekt galvanischer Elemente zeigt sich in der Entwicklung protonenkeramischer elektrochemischer Zellen [s117]. Diese hochtemperaturbeständigen Systeme eröffnen neue Möglichkeiten in der Energieumwandlung und -speicherung. Sie finden beispielsweise Anwendung in der Wasserelektrolyse und CO_2-Umwandlung, was sie zu wichtigen Werkzeugen für nachhaltige Energietechnologien macht. Die praktische Bedeutung galvanischer Elemente erstreckt sich weit über die klassische Batterietechnologie hinaus. In der Brennstoffzellentechnologie werden die Prinzipien galvanischer Elemente genutzt, um chemische Brennstoffe wie Wasserstoff und Sauerstoff mit hoher Effizienz in elektrische Energie umzuwandeln [s118]. Dies spielt eine zentrale Rolle in der Entwicklung nachhaltiger Energiesysteme. Ein wichtiger praktischer Aspekt bei der Arbeit mit galvanischen Elementen ist die Wahl der Elektroden. Dabei unterscheidet man zwischen aktiven Elektroden, die direkt an der Redoxreaktion teilnehmen, und inerten Elektroden aus Materialien wie Platin oder Gold, die lediglich als Elektronenleiter fungieren [s115]. Diese Unterscheidung ist besonders relevant bei der Entwicklung neuer elektrochemischer Systeme. Die Elektrochemie galvanischer Elemente findet zunehmend Anwendung in der organischen Synthese, wo sie eine umweltfreundliche Alternative zu konventionellen Methoden darstellt [s118]. Durch die Vermeidung gefährlicher und teurer Reagenzien trägt sie zu einer nachhaltigeren Chemie bei. Ein faszinierender Aspekt ist die Möglichkeit, galvanische Elemente für die Produktion wertvoller chemischer Produkte zu nutzen. Moderne Entwicklungen in der elektrochemischen CO_2-Umwandlung mit Protonen-Donoren [s117] zeigen vielversprechende Wege zur Synthese hochwertiger Chemikalien auf.

Glossar

Daniell-Element
1836 von John Frederic Daniell entwickeltes galvanisches Element, das als erste praktisch nutzbare elektrochemische Zelle gilt und eine Spannung von 1,1 Volt liefert.

Galvanische Elemente
Elektrochemische Vorrichtungen, die nach dem italienischen Arzt Luigi Galvani benannt wurden. Sie werden heute in vielen tragbaren Geräten wie Smartphones und Laptops als wiederaufladbare Batterien eingesetzt.

Salzbrücke
Eine gelförmige oder poröse Verbindung zwischen zwei Halbzellen, die oft aus Agar-Agar oder Glasfritte hergestellt wird und den Ionentransport ermöglicht.

2. 3. 3. Korrosion und Korrosionsschutz

Korrosion ist ein allgegenwärtiger elektrochemischer Prozess, der jährlich immense wirtschaftliche Schäden verursacht [s119]. Besonders in industriellen Anlagen, wo Metalle aggressiven Umgebungen ausgesetzt sind, stellt Korrosion eine permanente Herausforderung dar. Der Prozess lässt sich in drei Hauptkategorien einteilen: chemische Auflösung, elektrochemische Korrosion und korrosiv-mechanische Wechselwirkungen [s120]. Die elektrochemische Korrosion tritt besonders häufig auf und wird durch den Elektronentransfer zwischen dem Metall und seiner Umgebung charakterisiert [s121]. Ein alltägliches Beispiel ist die Rostbildung an Fahrrädern, die im Winter dem salzhaltigen Spritzwasser ausgesetzt sind. Die Korrosionsgeschwindigkeit wird dabei durch verschiedene Faktoren wie Temperatur, Säuregehalt und Salzkonzentration beeinflusst [s122]. Für die systematische Untersuchung von Korrosionsprozessen stehen moderne analytische Methoden zur Verfügung. Die elektrochemische Impedanzspektroskopie (EIS) ermöglicht beispielsweise detaillierte Einblicke in Korrosionskinetik und Oberflächeneigenschaften [s121]. In der Praxis nutzen Ingenieure diese Methode zur Überwachung von Industrieanlagen, da sie eine hohe Präzision bietet und die zu untersuchende Oberfläche kaum beschädigt [s119]. Ein effektiver Korrosionsschutz basiert auf dem Verständnis der zugrundeliegenden elektrochemischen Prozesse [s123]. Eine wichtige Rolle spielen dabei Korrosionsinhibitoren - spezielle Chemikalien, die bereits in geringen Konzentrationen die Korrosion deutlich verlangsamen können [s124]. Ein Beispiel aus der Praxis ist der Einsatz von Inhibitoren in Kühlkreisläufen von Industrieanlagen, wo sie die Lebensdauer der Anlagen erheblich verlängern. Die Entwicklung "grüner Inhibitoren" auf Basis natürlicher Produkte gewinnt zunehmend an Bedeutung [s124]. Diese umweltfreundlichen Alternativen müssen dabei den strengen Anforderungen der europäischen REACH-Verordnung entsprechen. Ein praktisches Beispiel ist die Verwendung von Extrakten aus Zitrusschalen, die sich als wirksame natürliche Korrosionsinhibitoren erwiesen haben. Moderne Untersuchungsmethoden wie die Scanning-Probe-Mikroskopie ermöglichen es, Korrosionsprozesse auf mikroskopischer Ebene zu beobachten [s125]. Diese Erkenntnisse fließen direkt in die Entwicklung verbesserter Beschichtungssysteme ein. Ein Beispiel ist die Optimierung von Autolacken, die nicht nur dekorativ sind, sondern auch einen langfristigen Korrosionsschutz bieten müssen. Die Polarisationstechnik ist ein wichtiges Werkzeug zur Bestimmung von Korrosionsraten [s121]. Durch Messung des

Korrosionsstroms können Ingenieure die Lebensdauer von Bauteilen abschätzen und Wartungsintervalle optimal planen. In der Praxis wird diese Technik beispielsweise bei der Überwachung von Brückenkonstruktionen eingesetzt, um rechtzeitig Schutzmaßnahmen einleiten zu können. Ein besonders wichtiger Aspekt des Korrosionsschutzes ist die präventive Wartung. Die regelmäßige Überwachung mittels elektrochemischer Geräuschmessung (EN) ermöglicht die frühzeitige Erkennung lokalisierter Korrosionsangriffe [s119]. Dies ist besonders bei sicherheitskritischen Anlagen wie Pipelines oder Chemiereaktorenwichtig, wo ein Versagen fatale Folgen haben könnte. Die <u>Tafel-Extrapolation</u> ist eine bewährte Methode zur Berechnung von Korrosionsraten aus gemessenen Korrosionsströmen [s126]. In der Praxis nutzen Materialwissenschaftler diese Technik, um die Lebensdauer verschiedener Legierungen unter spezifischen Umgebungsbedingungen vorherzusagen. Dies ist besonders wichtig bei der Materialauswahl für neue Projekte.

Glossar

Impedanzspektroskopie

Messverfahren zur Untersuchung elektrischer Eigenschaften von Materialien durch Anlegen verschiedener Wechselspannungsfrequenzen

Korrosion

Zersetzungsprozess von Materialien durch chemische oder physikalische Reaktionen mit ihrer Umgebung, der zu Materialverlust und Strukturschäden führt

REACH-Verordnung

Europäische Chemikalienverordnung zur Registrierung, Bewertung, Zulassung und Beschränkung chemischer Stoffe zum Schutz von Mensch und Umwelt

Scanning-Probe-Mikroskopie

Mikroskopietechnik, bei der eine sehr feine Messsonde die Oberfläche einer Probe abtastet und deren Eigenschaften mit atomarer Auflösung abbildet

Tafel-Extrapolation

Mathematische Methode zur Bestimmung von Korrosionsraten durch Analyse der Strom-Spannungs-Beziehung an korrodierenden Metalloberflächen

Zusammenfassung - 2. 3. Elektrochemie

- Elektrolyte zeigen eine nicht-lineare Zunahme der Leitfähigkeit mit steigender Konzentration aufgrund der Bildung von Ionenclustern
- Die Ionenleitfähigkeit folgt der spezifischen Reihenfolge $H+$ > $NH4+$ > $Ca2+$ > $Li+$ aufgrund unterschiedlicher Ladungsdichten
- Die Absorption von Elektrolyten bei 0,3 THz korreliert direkt mit der makroskopischen Leitfähigkeit
- Hochkonzentrierte Elektrolyte über 3M verbessern Schutzschichten, erhöhen aber die Viskosität
- Galvanische Elemente werden zunehmend in der organischen Synthese als umweltfreundliche Alternative eingesetzt
- Protonenkeramische elektrochemische Zellen ermöglichen neue Wege der CO_2-Umwandlung bei hohen Temperaturen
- Die elektrochemische Impedanzspektroskopie ermöglicht präzise Einblicke in Korrosionskinetik ohne Oberflächenschädigung
- Extrakte aus Zitrusschalen haben sich als effektive natürliche Korrosionsinhibitoren erwiesen
- Die Scanning-Probe-Mikroskopie ermöglicht die Beobachtung von Korrosionsprozessen auf mikroskopischer Ebene
- Die elektrochemische Geräuschmessung (EN) ermöglicht die Früherkennung lokalisierter Korrosionsangriffe
- Die Tafel-Extrapolation wird zur Vorhersage der Lebensdauer von Legierungen unter spezifischen Bedingungen genutzt

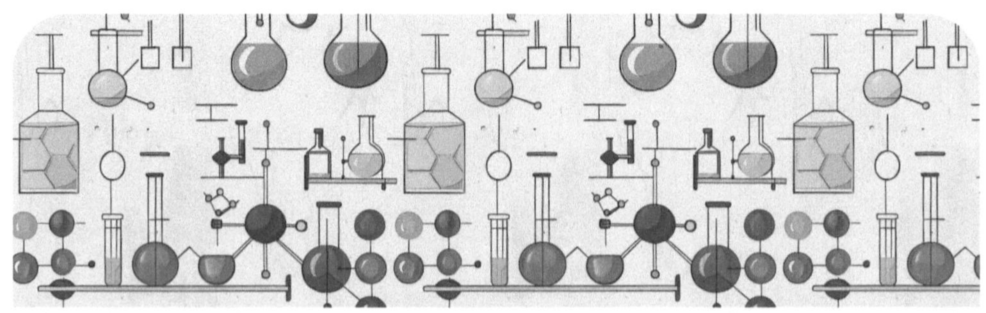

Rückblick - 2. Anorganische und Physikalische Chemie

- Metalle bilden charakteristische Verbindungen durch Abgabe von Elektronen und Bildung von Kationen

- Die Nomenklatur von Metallverbindungen folgt strengen Regeln mit dem Metallkation an erster Stelle

- Übergangsmetalle können verschiedene Oxidationsstufen aufweisen und sind wichtig für katalytische Prozesse

- Nichtmetalle nehmen bevorzugt Elektronen auf oder teilen sie in kovalenten Bindungen

- Die Elektronegativität ermöglicht Vorhersagen über Bindungsarten und physikalische Eigenschaften

- Komplexverbindungen basieren auf dem Lewis-Säure-Base-Prinzip mit Metallatomen als Elektronenpaarakzeptoren

- Die Koordinationszahl beschreibt die Anzahl der direkt gebundenen Donoratome und variiert zwischen 1 und 16

- Kristallstrukturen werden über 14 Bravais-Gitter in sieben Kristallsysteme klassifiziert

- Miller-Indizes charakterisieren Kristallebenen eindeutig durch die Notation (hkl)

- Der erste Hauptsatz der Thermodynamik beschreibt die Energieerhaltung durch $\Delta U = Q - W$

- Die Entropie eines perfekten Kristalls nähert sich bei 0 Kelvin dem Wert null

- Die Gibbs-Energie verknüpft Enthalpie und Entropie durch $\Delta G = \Delta H - T\Delta S$

- Elektrolyte zeigen eine Ionenleitfähigkeit in der Reihenfolge $H^+ > NH_4^+ > Ca^{2+} > Li^+$

- Galvanische Elemente wandeln chemische in elektrische Energie ohne externe Energiezufuhr um

- Die Tafel-Extrapolation ermöglicht die Berechnung von Korrosionsraten aus Korrosionsströmen

- Während die anorganische Chemie die Grundlagen der Materialwissenschaft bildet, eröffnet die organische Chemie faszinierende Einblicke in die Vielfalt kohlenstoffbasierter Verbindungen.

3. Organische Chemie

ie organische Chemie befasst sich mit den vielfältigen Verbindungen des Kohlenstoffs und bildet damit das Fundament für das Verständnis lebender Systeme. Doch was macht Kohlenstoff so besonders, dass er zum zentralen Element des Lebens wurde? Wie entstehen aus wenigen Grundbausteinen die komplexen Moleküle, die unseren Stoffwechsel antreiben? Von einfachen Alkanen bis hin zu hochspezialisierten Biomolekülen zeigt sich eine faszinierende strukturelle und funktionelle Vielfalt. Die Fähigkeit des Kohlenstoffs, stabile Bindungen mit sich selbst und anderen Elementen einzugehen, ermöglicht dabei die Bildung unterschiedlichster Verbindungsklassen. Diese reichen von kleinen Molekülen wie Methan, das als Treibhausgas eine wichtige Rolle im globalen Klimasystem spielt, bis hin zu komplexen Proteinen, die als molekulare Maschinen in unseren Zellen arbeiten. Wie lassen sich diese Verbindungen systematisch ordnen und ihre Eigenschaften vorhersagen? Welche Reaktionsmechanismen ermöglichen ihre gezielte Synthese? Und welche Bedeutung haben organische Moleküle für aktuelle Herausforderungen - von der Entwicklung nachhaltiger Materialien bis hin zu neuen therapeutischen Ansätzen? Die organische Chemie verbindet fundamentale chemische Prinzipien mit praktischen Anwendungen und bildet damit eine Brücke zwischen molekularer Struktur und biologischer Funktion. Ein tieferes Verständnis dieser Zusammenhänge eröffnet nicht nur Einblicke in die Chemie des Lebens, sondern auch neue Perspektiven für technologische Innovationen.

3. 1. Kohlenwasserstoffe

ohlenwasserstoffe bilden das Fundament der organischen Chemie und sind allgegenwärtig in unserem Leben - von den Brennstoffen, die unsere Fahrzeuge antreiben, bis zu den Kunststoffen in unseren Alltagsgegenständen. Doch wie entstehen aus den einfachen Elementen Kohlenstoff und Wasserstoff derart vielfältige Verbindungen? Welche Strukturprinzipien ermöglichen diese Vielfalt und welche Eigenschaften resultieren daraus? Von gesättigten Alkanen über ungesättigte Alkene und Alkine bis hin zu den faszinierenden aromatischen Systemen zeigt sich eine zunehmende Komplexität der Bindungsverhältnisse. Die räumliche Anordnung der Atome spielt dabei eine entscheidende Rolle für die chemischen und physikalischen Eigenschaften dieser Verbindungen. Das Verständnis der Kohlenwasserstoffe ist nicht nur für die akademische Forschung relevant, sondern hat direkte Auswirkungen auf zentrale Herausforderungen unserer Zeit - von der Entwicklung nachhaltiger Materialien bis zur Synthese neuer Medikamente. Die folgenden Kapitel beleuchten systematisch die verschiedenen Klassen der Kohlenwasserstoffe und zeigen ihre fundamentale Bedeutung für Wissenschaft und Technologie.

„Alkane und Cycloalkane zeichnen sich dadurch aus, dass sie ausschließlich Einfachbindungen zwischen den Kohlenstoffatomen aufweisen."

3. 1. 1. Alkane und Cycloalkane

lkane und Cycloalkane bilden die Grundbausteine der organischen Chemie und sind aufgrund ihrer vielfältigen Anwendungen in unserem Alltag von großer Bedeutung. Diese Kohlenwasserstoffe zeichnen sich dadurch aus, dass sie ausschließlich Einfachbindungen zwischen den Kohlenstoffatomen aufweisen [s127]. Ein alltägliches Beispiel ist das Erdgas in unseren Heizungen, das hauptsächlich aus Methan (CH_4) besteht. Die Struktur der Alkane folgt der allgemeinen Formel C_nH_{2n+2}, wobei n die Anzahl der Kohlenstoffatome angibt [s128]. Diese mathematische Beziehung ermöglicht es uns, die molekulare Zusammensetzung jedes Alkans vorherzusagen. Beispielsweise hat Propan (C_3H_8) drei Kohlenstoffatome und acht Wasserstoffatome, was der Formel exakt entspricht. In der Praxis nutzen wir Propan häufig als Campinggas oder Grillgas. Die Kohlenstoffatome in Alkanen sind sp3-hybridisiert, was zu einem charakteristischen Bindungswinkel von 109,5° führt [s129]. Diese räumliche Anordnung verleiht den Molekülen eine Zickzackstruktur, die für ihre chemischen und physikalischen Eigenschaften verantwortlich ist. Bei der Darstellung dieser Moleküle verwenden Chemiker verschiedene Notationen: Strukturformeln, kondensierte Formeln oder Skelettstrukturen [s129].

Cycloalkane [i21]

Mit zunehmender Kettenlänge steigt die Anzahl möglicher Isomere dramatisch an [s127]. Während Pentan nur drei Isomere aufweist, existieren für Oktan bereits 18 verschiedene Strukturvarianten. Diese Isomerie ist besonders relevant für die Kraftstoffindustrie, da verschiedene Isomere unterschiedliche Oktanzahlen aufweisen können. Cycloalkane unterscheiden sich von den linearen Alkanen durch ihre ringförmige Struktur und folgen der Formel CnH2n [s130]. Ein bekanntes Beispiel ist Cyclohexan, das als Lösungsmittel in der

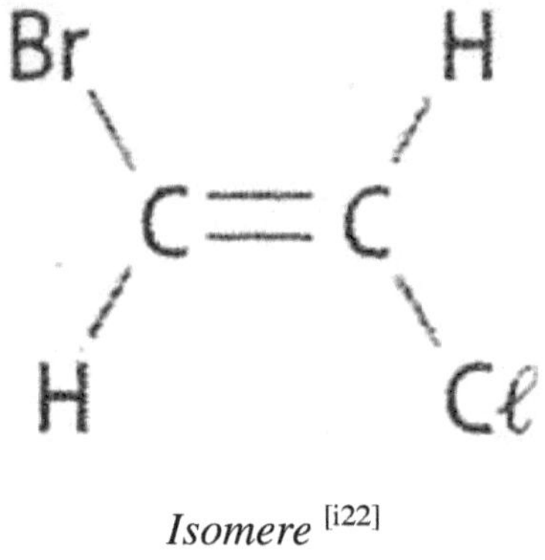

Isomere [i22]

chemischen Industrie verwendet wird. Die Benennung erfolgt durch Voranstellen des Präfixes "cyclo-" [s131]. Bei der Synthese von Medikamenten spielen Cycloalkane eine wichtige Rolle als Grundgerüst für komplexere Moleküle. Die IUPAC-Nomenklatur bietet ein systematisches System zur Benennung dieser Verbindungen [s128]. Bei verzweigten Alkanen wird die längste durchgehende Kohlenstoffkette als Hauptkette gewählt und die Positionen der Substituenten durch Zahlen angegeben. Ein praktisches Beispiel ist 2-Methylpropan, das in Kühlmitteln Verwendung findet. Besonders interessant sind die physikalischen Eigenschaften: Mit steigender Kettenlänge nehmen Siedepunkt und Viskosität zu [s132]. Dies erklärt, warum Methan bei Raumtemperatur gasförmig ist, während längere Alkane wie Oktan flüssig sind. Diese Eigenschaft macht sie zu idealen Komponenten für Kraftstoffe und Schmiermittel. Bei Cycloalkanen spielt die Ringspannung eine wichtige Rolle [s131]. Cyclopropan mit seinen 60°-Winkeln weist eine hohe Ringspannung auf, während Cyclohexan durch seine Sesselkonformation relativ spannungsfrei ist. Dieses Wissen ist essentiell für die Vorhersage der Reaktivität und Stabilität dieser Verbindungen. Die chemischen Eigenschaften der Alkane und Cycloalkane sind durch ihre relative Reaktionsträgheit gekennzeichnet [s129]. Sie reagieren hauptsächlich durch Substitutionsreaktionen, bei denen Wasserstoffatome durch andere Atome oder Gruppen ersetzt werden. Ein wichtiges Beispiel ist die Halogenierung, die zur Herstellung von Lösungsmitteln und anderen industriellen Chemikalien genutzt wird. In der modernen Industrie finden diese Verbindungen vielfältige Anwendungen: von Kraftstoffen über Kunststoffe bis hin zu Pharmazeutika [s133]. Das Verständnis ihrer Struktur und Eigenschaften ist daher fundamental für Studierende der Chemie und verwandter Wissenschaften.

Glossar

Isomer
Moleküle mit gleicher Summenformel aber unterschiedlicher räumlicher Anordnung der Atome, was zu verschiedenen chemischen und physikalischen Eigenschaften führt

IUPAC-Nomenklatur
Ein international vereinbartes Regelwerk zur eindeutigen Benennung chemischer Verbindungen, entwickelt von der International Union of Pure and Applied Chemistry

Substituent
Atome oder Atomgruppen, die in einem Molekül ein Wasserstoffatom ersetzen und die Eigenschaften der Verbindung verändern können

3. 1. 2. Alkene und Alkine

lkene und Alkine gehören zu den ungesättigten Kohlenwasserstoffen und unterscheiden sich von den Alkanen durch das Vorhandensein von Mehrfachbindungen zwischen Kohlenstoffatomen [s134]. Diese Eigenschaft macht sie zu besonders reaktiven und vielseitig einsetzbaren Verbindungen in der organischen Chemie. Alkene zeichnen sich durch mindestens eine Kohlenstoff-Kohlenstoff-Doppelbindung (C=C) aus und folgen der allgemeinen Formel $CnH2n$ [s135]. Ein alltägliches Beispiel ist Ethylen ($C2H4$), das von reifendem Obst produziert wird und als natürliches Reifehormon fungiert [s136]. Diese Erkenntnis wird praktisch in der Landwirtschaft genutzt, indem unreife Früchte zusammen mit reifen gelagert werden, um den Reifungsprozess zu beschleunigen.

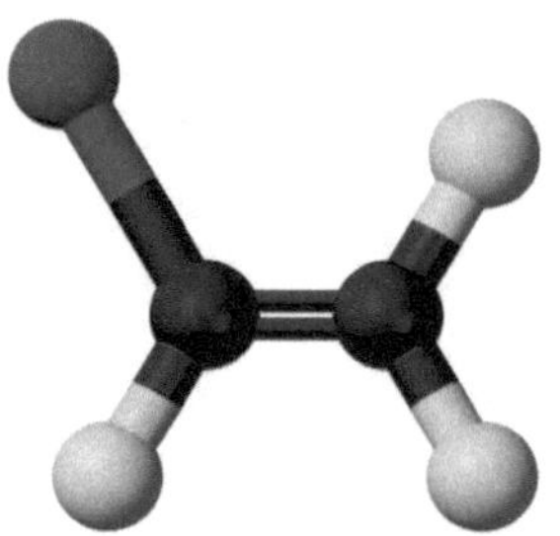

Alkene [i23]

Die Nomenklatur der Alkene folgt klaren Regeln: Die Namensendung "-en" kennzeichnet die Doppelbindung, während die Position durch Nummerierung angegeben wird [s137]. Dabei wird die längste Kohlenstoffkette so gewählt, dass die Doppelbindung die niedrigstmögliche Nummer erhält. Ein Beispiel ist 1-Octen, das natürlich in Zitronenöl vorkommt und diesem seinen charakteristischen Duft verleiht [s136].

1-Octen [i24]

Alkine hingegen besitzen eine Kohlenstoff-Kohlenstoff-Dreifachbindung (C≡C) und folgen der Formel CnH2n-2 [s135]. Die Namensgebung erfolgt analog zu den Alkenen, jedoch mit der Endung "-in" [s137]. Ein wichtiges Beispiel ist Acetylen (C2H2), das in der Schweißtechnik verwendet wird. Eine besondere Eigenschaft der Alkene ist die Möglichkeit zur geometrischen Isomerie (cis-trans-Isomerie) [s138]. Diese strukturelle Besonderheit hat oft erhebliche Auswirkungen auf die chemischen und physikalischen Eigenschaften der Verbindungen. In der Natur spielt dies eine wichtige Rolle, beispielsweise bei der Farbgebung von Früchten und Gemüse durch <u>Polyene</u> [s136]. Die Reaktivität von Alkenen und Alkinen ist deutlich höher als die der Alkane [s136]. Charakteristisch sind Additionsreaktionen, bei denen die <u>π-Bindungen</u> aufgebrochen werden [s139]. Bei Alkinen können aufgrund der zwei π-Bindungen sogar zwei aufeinanderfolgende Additionen stattfinden. Diese hohe Reaktivität macht sie zu wertvollen Ausgangsstoffen in der chemischen Industrie, insbesondere bei der Herstellung von Kunststoffen. Eine industriell bedeutende Reaktion ist die Deprotonierung von Alkinen, die zur Bildung von <u>Acetyliden</u> führt [s139]. Diese Verbindungen sind ausgezeichnete <u>Nucleophile</u> und finden in der organischen Synthese vielfältige Anwendungen. In der Praxis wird dies beispielsweise bei der Herstellung von Pharmazeutika und speziellen Kunststoffen genutzt.

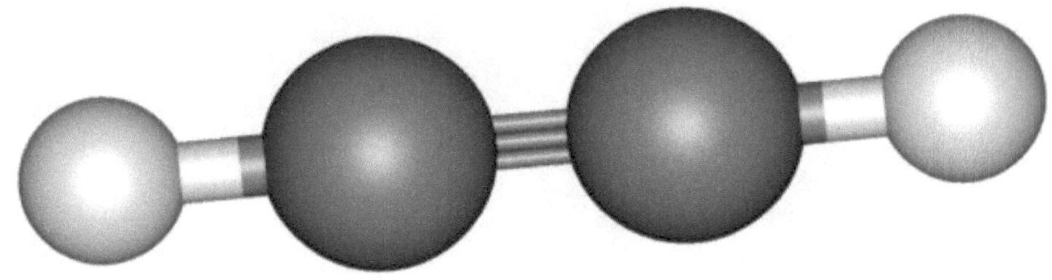

Acetylen [i25]

Die oxidative Spaltung von Alkinen durch Ozon oder Kaliumpermanganat führt zur Bildung von Carbonsäuren [s139]. Diese Reaktion wird in der analytischen Chemie zur Strukturaufklärung und in der industriellen Synthese zur Herstellung wichtiger Zwischenprodukte verwendet. Die Vielseitigkeit dieser ungesättigten Kohlenwasserstoffe zeigt sich besonders in ihrer Rolle als Bausteine für synthetische Materialien [s136]. Von der Produktion von

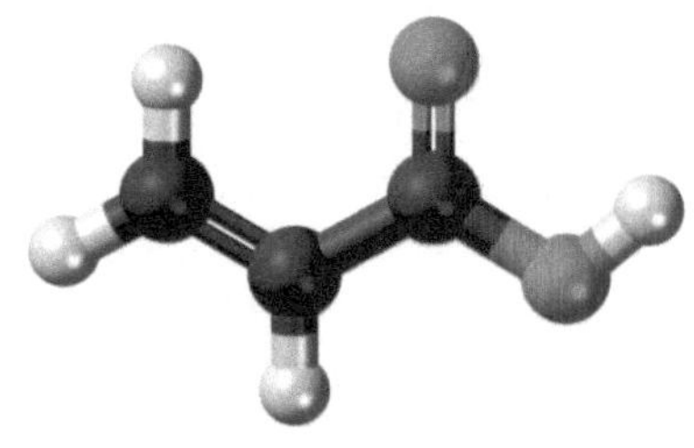

Carbonsäuren [i26]

Polyethylen für Verpackungsmaterialien bis hin zur Synthese komplexer Pharmazeutika sind Alkene und Alkine unverzichtbare Ausgangsstoffe der modernen chemischen Industrie.

Glossar

Acetylid

Metallsalze von Alkinen, die durch Austausch des aciden
Wasserstoffatoms gegen ein Metallion entstehen. Sie sind oft
explosiv und müssen mit besonderer Vorsicht gehandhabt werden.

π-Bindung

Eine chemische Bindung, die durch seitliche Überlappung von p-
Orbitalen entsteht und charakteristisch für Mehrfachbindungen ist.
Sie ist schwächer als eine σ-Bindung.

Nucleophil

Chemische Teilchen mit einem Elektronenüberschuss, die bevorzugt
mit elektronenärmeren Partnern reagieren. Der Name bedeutet
'kernliebend'.

Polyene

Verbindungen mit mehreren Doppelbindungen in Folge. Sie sind
wichtige Bestandteile vieler Vitamine wie beispielsweise Beta-
Carotin.

3. 1. 3. Aromaten

romaten bilden eine faszinierende Klasse organischer Verbindungen, die sich durch ihre einzigartige Struktur und bemerkenswerte Stabilität auszeichnen [s140]. Der bekannteste Vertreter ist Benzol, das als Grundbaustein aromatischer Verbindungen gilt. Die charakteristische Ringstruktur mit konjugierten Doppelbindungen verleiht Aromaten ihre besonderen Eigenschaften [s141]. Die Stabilität aromatischer Verbindungen basiert auf dem Konzept der Aromatizität, bei dem die π-Elektronen über den gesamten Ring delokalisiert sind [s142]. Diese Delokalisierung wird in Strukturformeln häufig durch einen Kreis im Hexagon dargestellt [s143]. Die Hückel-Regel liefert dabei ein wichtiges Kriterium für Aromatizität: Ein System muss 4n + 2 π-Elektronen besitzen, wobei n eine ganze Zahl ist [s141]. Benzol mit seinen sechs π-Elektronen (n=1) erfüllt diese Regel perfekt.

Aromatische Verbindungen lassen sich in zwei Hauptkategorien einteilen: Arene, die mindestens einen Benzolring enthalten, und nicht-benzenoide Aromaten, die trotz fehlenden Benzolrings aromatische Eigenschaften aufweisen [s144]. Ein praktisches Beispiel für Arene ist Naphthalin, das traditionell als Mottenkugeln verwendet wurde, heute aber aus gesundheitlichen Gründen durch andere Substanzen ersetzt wird. Die physikalischen Eigenschaften von Aromaten sind bemerkenswert: Sie sind

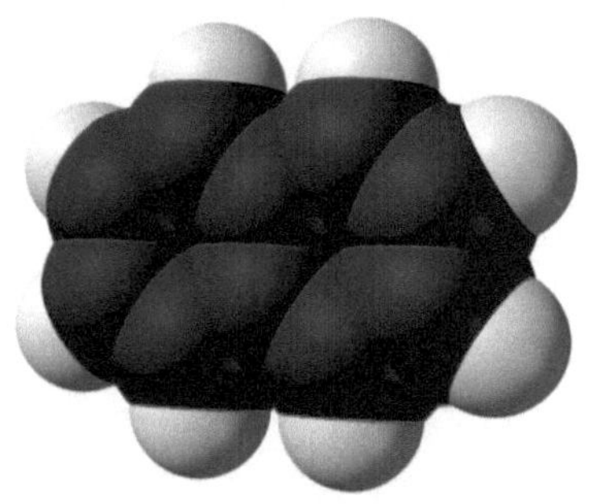

Naphthalin [i27]

typischerweise weniger dicht als Wasser und darin unlöslich [s143]. Mit steigender Molekülmasse erhöhen sich die Siedepunkte, während die Schmelzpunkte interessanterweise keine direkte Abhängigkeit von der Molekülmasse zeigen. Diese Eigenschaften sind besonders wichtig bei der industriellen Verarbeitung und Reinigung aromatischer Verbindungen. Ein charakteristisches Merkmal aromatischer Verbindungen ist ihre bevorzugte Teilnahme an Substitutionsreaktionen anstelle von Additionsreaktionen [s142]. Die elektrophile aromatische Substitution ist dabei der wichtigste Reaktionstyp [s141]. Bei dieser Reaktion wird ein Wasserstoffatom durch ein Elektrophil ersetzt, wobei die aromatische Stabilität erhalten bleibt. Dies wird beispielsweise bei der Herstellung von Farbstoffen und Arzneimitteln genutzt. Die Bedeutung aromatischer Verbindungen in der modernen Industrie ist kaum zu überschätzen [s142]. Sie finden Anwendung in der Parfümherstellung, wo ihre oft charakteristischen Gerüche genutzt werden. In der Pharmazie bilden sie wichtige Grundstrukturen vieler Medikamente. Die Kunststoffindustrie verwendet aromatische Verbindungen zur Herstellung verschiedener Polymere, wie beispielsweise Polystyrol, das in Verpackungsmaterialien und Isolierungen zum Einsatz kommt.

Polycyclische aromatische Kohlenwasserstoffe (<u>PAK</u>) stellen eine besondere Gruppe dar, die aus mehreren kondensierten Benzolringen bestehen [s143]. Diese Verbindungen verdienen besondere Aufmerksamkeit, da einige von ihnen gesundheitsschädliche Eigenschaften aufweisen können. Sie entstehen beispielsweise bei unvollständigen Verbrennungsprozessen, weshalb beim Grillen darauf geachtet werden sollte, dass Fett nicht direkt ins Feuer tropft. Die

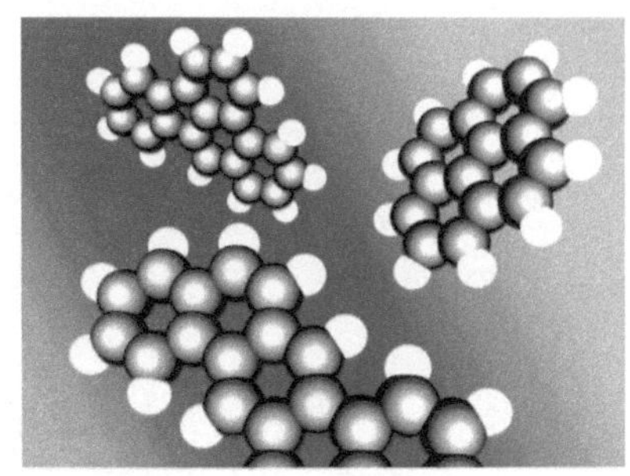

PAK [i28]

Resonanzstabilisierung aromatischer Verbindungen [s141] erklärt ihre außergewöhnliche chemische Stabilität. Diese Eigenschaft macht sie einerseits zu wertvollen Ausgangsstoffen in der chemischen Industrie, erfordert andererseits aber auch besondere Entsorgungsmaßnahmen, da sie in der Umwelt nur langsam abgebaut werden. In der modernen Materialwissenschaft spielen aromatische Verbindungen eine Schlüsselrolle bei der Entwicklung neuer Werkstoffe [s142]. Ihre Stabilität und spezifischen elektronischen Eigenschaften machen sie zu idealen Bausteinen für elektronische Materialien und Hochleistungskunststoffe. Ein praktisches Beispiel ist die Verwendung in organischen Leuchtdioden (OLEDs), die in modernen Displays eingesetzt werden.

Glossar

Aromatizität

Ein Konzept in der Chemie, das die besondere energetische Stabilität cyclischer, planarer Moleküle mit vollständig konjugierten Doppelbindungen beschreibt. Diese Moleküle zeigen eine erhöhte thermodynamische Stabilität im Vergleich zu nicht-aromatischen Verbindungen.

Elektrophil

Ein Teilchen, das aufgrund eines Elektronenmangels als Elektronenakzeptor fungiert und mit elektronenreichen Verbindungen reagieren kann.

Hückel-Regel

Eine von Erich Hückel entwickelte Regel zur Vorhersage aromatischer Eigenschaften von cyclischen, planaren Molekülen, die auf quantenmechanischen Berechnungen basiert.

Polycyclische aromatische Kohlenwasserstoffe

Eine Gruppe von Umweltschadstoffen, die natürlich in Kohle und Erdöl vorkommen und bei der Zubereitung von gegrillten Lebensmitteln entstehen können. Sie haben eine hohe Persistenz in der Umwelt.

3. 1. 4. Stereochemie

ie <u>Stereochemie</u> bildet einen fundamentalen Bereich der organischen Chemie und befasst sich mit der räumlichen Anordnung von Atomen in Molekülen [s145]. Diese dreidimensionale Betrachtung ist essentiell, da sie direkten Einfluss auf die chemischen und physikalischen Eigenschaften von Verbindungen hat. Ein zentrales Konzept der Stereochemie ist die <u>Chiralität</u>. Ein Molekül wird als chiral bezeichnet, wenn es ein Spiegelbild besitzt, das nicht mit dem Original zur Deckung gebracht werden kann [s146]. Dies lässt sich gut am Beispiel unserer Hände veranschaulichen - sie sind Spiegelbilder voneinander, aber nicht deckungsgleich. In der Chemie spielt diese Eigenschaft eine entscheidende Rolle, besonders bei biologisch aktiven Molekülen wie Medikamenten. Stereoisomere unterscheiden sich nur in der räumlichen Anordnung ihrer Atome, nicht aber in der Verknüpfungsreihenfolge [s146]. Dabei unterscheidet man zwei Haupttypen: <u>Enantiomere</u> und <u>Diastereomere</u>. Enantiomere sind Spiegelbildisomere, die sich wie rechte und linke Hand verhalten. Diastereomere hingegen sind Stereoisomere, die keine Spiegelbilder voneinander sind [s145]. Besonders interessant ist die optische Aktivität chiraler Moleküle. Die beiden Enantiomere einer Verbindung teilen zwar viele physikalische Eigenschaften wie Siedepunkt, Schmelzpunkt und Löslichkeit, unterscheiden sich aber in ihrer Wechselwirkung mit polarisiertem Licht [s147]. Ein Enantiomer, das die Polarisationsebene im Uhrzeigersinn dreht, wird als dextrorotatorisch (d oder +) bezeichnet, das andere als levorotatorisch (l oder -). Die Benennung von Stereoisomeren erfolgt nach verschiedenen Systemen. Das E/Z-System wird für die Benennung von Alkenen verwendet und basiert auf den Cahn-Ingold-Prelog (CIP) Prioritätsregeln [s148]. Für chirale Zentren wird das R/S-System verwendet [s149]. In der Praxis ist die korrekte Benennung besonders wichtig, da beispielsweise in der pharmazeutischen Industrie oft nur ein Enantiomer die gewünschte biologische Wirkung zeigt. Ein wichtiges Werkzeug in der Stereochemie ist die Fischer-Projektion [s149], die eine standardisierte zweidimensionale Darstellung dreidimensionaler Moleküle ermöglicht. Diese Darstellungsform ist besonders bei der Arbeit mit Zuckern und Aminosäuren hilfreich. Die Stereochemie von Reaktionen ist von großer praktischer Bedeutung [s150]. Bei nucleophilen Substitutionsreaktionen beispielsweise kann die Stereochemie des Produkts je nach Mechanismus (SN1 oder SN2) unterschiedlich sein [s149]. Dies muss bei der Syntheseplanung berücksichtigt werden. Für die Analyse chiraler Verbindungen gibt es verschiedene Testmethoden [s150]. Eine wichtige Kenngröße ist der enantiomerische Überschuss (ee), der angibt, wie viel von einem Enantiomer in einer Mischung überwiegt [s147]. Eine racemische Mischung, die gleiche Mengen beider Enantiomere enthält, ist optisch inaktiv. Die Trennung von Enantiomeren [s150] ist eine wichtige Aufgabe in der präparativen Chemie. In der Praxis werden dafür verschiedene Methoden wie chromatographische Verfahren mit chiralen stationären Phasen oder die Kristallisation diastereomerer Salze eingesetzt. Die Bedeutung der Stereochemie zeigt sich besonders in der Biochemie, wo die räumliche Struktur von Molekülen oft entscheidend für ihre biologische Funktion ist [s151]. Ein klassisches Beispiel ist die Glucose, deren D-Form vom menschlichen Körper verwertet werden kann, während die L-Form keine biologische Aktivität zeigt.

Glossar

Chiralität

Ein grundlegendes Konzept in der Natur, das auch in der Kristallographie und Quantenphysik eine wichtige Rolle spielt. Chirale Moleküle können unterschiedliche Geruchs- und Geschmacksempfindungen auslösen.

Diastereomer

Stereoisomere mit mehreren Stereozentren, die in der Natur häufig in Zuckermolekülen vorkommen und unterschiedliche chemische und physikalische Eigenschaften aufweisen.

Enantiomer

Molekülpaare, die in der Natur oft unterschiedliche biologische Wirkungen haben können. Ein bekanntes Beispiel ist Carvon, dessen Enantiomere nach Kümmel bzw. Minze riechen.

Stereochemie

Ein Teilgebiet der Chemie, das sich mit der Symmetrie und den räumlichen Beziehungen von Molekülen beschäftigt. Besonders wichtig in der Entwicklung von Medikamenten und Duftstoffen.

- Alkane folgen der Summenformel $CnH2n+2$ und weisen sp3-hybridisierte Kohlenstoffatome mit $109,5°$ Bindungswinkel auf

- Die Anzahl möglicher Isomere steigt exponentiell - Oktan besitzt bereits 18 verschiedene Strukturvarianten

- Cycloalkane folgen der Formel $CnH2n$ und zeigen unterschiedliche Ringspannungen - Cyclopropan hat hohe Spannung bei $60°$-Winkeln

- Alkene und Alkine sind durch π-Bindungen deutlich reaktiver als Alkane und reagieren bevorzugt in Additionsreaktionen

- Die Deprotonierung von Alkinen führt zu Acetyliden, die als starke Nucleophile in der organischen Synthese genutzt werden

- Aromatische Verbindungen folgen der Hückel-Regel ($4n+2$ π-Elektronen) und zeigen Resonanzstabilisierung durch delokalisierte Elektronen

- Aromaten reagieren bevorzugt in elektrophilen Substitutionsreaktionen unter Erhalt der aromatischen Stabilität

- Polycyclische aromatische Kohlenwasserstoffe entstehen bei unvollständigen Verbrennungen und sind teilweise gesundheitsschädlich

- Enantiomere unterscheiden sich in ihrer Wechselwirkung mit polarisiertem Licht (optische Aktivität)

- Die Fischer-Projektion ermöglicht standardisierte 2D-Darstellungen von 3D-Molekülstrukturen

- Der enantiomerische Überschuss (ee) quantifiziert das Verhältnis von Enantiomeren in einer Mischung

- Die räumliche Struktur bestimmt oft die biologische Aktivität - wie bei D-Glucose versus L-Glucose

3. 2. Funktionelle Gruppen

Wie entstehen die vielfältigen Eigenschaften organischer Verbindungen? Warum reagieren manche Moleküle bereitwillig miteinander, während andere praktisch inert sind? Die Antwort liegt in den funktionellen Gruppen – charakteristischen Atomkombinationen, die das chemische Verhalten einer Verbindung maßgeblich bestimmen. Diese Strukturelemente verleihen organischen Molekülen ihre spezifischen Eigenschaften: Von der Löslichkeit in Wasser bis zur Fähigkeit, Wasserstoffbrückenbindungen auszubilden. Sie entscheiden darüber, ob eine Substanz sauer oder basisch reagiert, ob sie leicht oxidiert werden kann oder unter welchen Bedingungen sie mit anderen Molekülen reagiert. Das Verständnis funktioneller Gruppen ist fundamental für die organische Chemie – sei es bei der Entwicklung neuer Medikamente, der Synthese von Polymeren oder der Aufklärung biochemischer Prozesse. Welche Arten funktioneller Gruppen gibt es und wie beeinflussen sie die Eigenschaften organischer Verbindungen? Die systematische Betrachtung der wichtigsten funktionellen Gruppen – von Alkoholen über Carbonylverbindungen bis hin zu Aminen – offenbart die faszinierende Logik hinter der Vielfalt organischer Reaktionen.

„Die Carbonylgruppe (C=O) weist eine stark polarisierte Bindung auf, wobei der Kohlenstoff eine partielle positive Ladung trägt.“

3. 2. 1. Alkohole und Ether

lkohole und Ether gehören zu den wichtigsten funktionellen Gruppen in der organischen Chemie und sind durch ihre charakteristische Bindung zu Sauerstoff gekennzeichnet [s152]. Während Alkohole eine <u>Hydroxylgruppe</u> (-OH) aufweisen, die direkt an ein Kohlenstoffatom gebunden ist, zeichnen sich Ether durch ein Sauerstoffatom aus, das zwischen zwei Kohlenstoffatomen sitzt [s153]. Die Klassifizierung von Alkoholen erfolgt in primäre, sekundäre und tertiäre Alkohole, abhängig von der Anzahl der Kohlenstoffatome, die an das Kohlenstoffatom mit der OH-Gruppe gebunden sind [s154]. Ein alltägliches Beispiel für einen primären Alkohol ist Ethanol (CH3CH2OH), der in alkoholischen Getränken vorkommt. Glycerin, ein wichtiger Bestandteil in Hautpflegeprodukten, ist ein Beispiel für einen mehrwertigen Alkohol mit drei OH-Gruppen. Die physikalischen Eigenschaften von Alkoholen werden maßgeblich durch ihre Fähigkeit zur Bildung von Wasserstoffbrückenbindungen bestimmt [s152]. Dies führt zu höheren Siedepunkten im Vergleich zu Alkanen ähnlicher Molekülmasse. Beispielsweise siedet Ethanol bei 78,3°C, während das entsprechende Alkan Ethan bereits bei -88,6°C siedet [s155]. Diese Eigenschaft ist besonders bei der Destillation von alkoholischen Getränken von Bedeutung. Ether hingegen können keine Wasserstoffbrückenbindungen ausbilden, was zu niedrigeren Siedepunkten im Vergleich zu entsprechenden Alkoholen führt [s152]. Ein bekanntes Beispiel ist Diethylether (C2H5-O-C2H5), der früher als Narkosemittel verwendet wurde und heute noch als Lösungsmittel im Labor Verwendung findet [s156]. Die Wasserlöslichkeit von Alkoholen nimmt mit zunehmender Kettenlänge ab [s155]. Während Methanol und Ethanol unbegrenzt mit Wasser mischbar sind, zeigt bereits Butanol eine deutlich geringere Wasserlöslichkeit. Dies erklärt, warum hochprozentige alkoholische Getränke sich problemlos mit Wasser verdünnen lassen, während sich ölige Substanzen nicht mit Wasser mischen. In der organischen Synthese spielen sowohl Alkohole als auch Ether eine wichtige Rolle [s153]. Alkohole können durch Oxidation in Aldehyde oder Ketone umgewandelt werden, wobei primäre Alkohole zu Aldehyden und sekundäre zu Ketonen reagieren [s155]. Ein praktisches Beispiel hierfür ist die Oxidation von Ethanol zu Essigsäure bei der Essigherstellung. Die Nomenklatur dieser Verbindungen folgt den <u>IUPAC</u>-Regeln [s157]. Bei Alkoholen wird die Endung des entsprechenden Alkans durch "-ol" ersetzt, während bei Ethern die beiden an das Sauerstoffatom gebundenen Gruppen vor dem Wort "Ether" genannt werden [s156]. So wird beispielsweise CH3-O-CH3 als Dimethylether bezeichnet. Ether finden aufgrund ihrer geringen Reaktivität häufig Verwendung als Lösungsmittel für unpolare Substanzen wie Fette, Öle und Wachse [s156]. In der Laborpraxis ist jedoch Vorsicht geboten, da Ether zur Bildung explosiver Peroxide neigen können, besonders wenn sie längere Zeit der Luft ausgesetzt sind. Die Bedeutung von Alkoholen und Ethern erstreckt sich weit über die organische Chemie hinaus. Sie spielen eine wichtige Rolle in der Industrie, Medizin und im täglichen Leben. Von der Verwendung als Desinfektionsmittel (Ethanol) über Frostschutzmittel (Ethylenglykol) bis hin zu Lösungsmitteln in der chemischen Industrie sind diese Verbindungen unverzichtbar geworden [s158].

Glossar

Hydroxylgruppe

Eine funktionelle Gruppe bestehend aus einem Sauerstoff- und einem Wasserstoffatom, die für die charakteristischen Eigenschaften von Alkoholen verantwortlich ist und auch in vielen Biomolekülen vorkommt

IUPAC

Internationale Organisation, die weltweit einheitliche Standards für die Benennung chemischer Verbindungen festlegt und regelmäßig aktualisiert

Peroxid

Chemische Verbindungen mit einer Sauerstoff-Sauerstoff-Bindung, die sehr reaktiv sind und sich spontan zersetzen können

3. 2. 2. Aldehyde und Ketone

ldehyde und Ketone gehören zu den wichtigsten Carbonylverbindungen in der organischen Chemie. Ihr charakteristisches Merkmal ist die Carbonylgruppe (C=O), die durch eine Doppelbindung zwischen einem Kohlenstoff- und einem Sauerstoffatom gekennzeichnet ist [s159]. Der entscheidende Unterschied zwischen beiden Verbindungsklassen liegt in der Bindungssituation am Carbonylkohlenstoff: Bei Aldehyden ist mindestens ein Wasserstoffatom direkt an diesen gebunden, während bei Ketonen zwei Kohlenstoffatome an den Carbonylkohlenstoff gebunden sind [s160]. Die Carbonylgruppe weist eine stark polarisierte Bindung auf, wobei der Kohlenstoff eine partielle positive Ladung trägt [s159]. Diese Polarität macht Aldehyde und Ketone zu reaktiven Verbindungen, die leicht von Nucleophilen angegriffen werden können [s161]. Ein praktisches Beispiel hierfür ist die Bildung von Hemiacetalen beim Lösen von Glucose in Wasser, was für die Süßkraft von Zuckern verantwortlich ist. Die Nomenklatur folgt klaren Regeln: Bei Aldehyden wird die Endung des entsprechenden Alkans durch "-al" ersetzt, wobei die Carbonylgruppe immer die Position 1 in der Kettennummerierung erhält. Bei Ketonen wird die Position der Carbonylgruppe durch eine Standortnummer angegeben, die vom nächstgelegenen Kettenende aus gezählt wird [s160]. So wird beispielsweise CH3-CO-CH3 als Propanon bezeichnet, während CH3-CH2-CHO als Propanal benannt wird. Ein wichtiger Aspekt für die praktische Arbeit ist die unterschiedliche Oxidationsempfindlichkeit: Aldehyde lassen sich leicht zu Carbonsäuren oxidieren, während Ketone gegenüber Oxidationsmitteln weitgehend resistent sind [s162]. Diese Eigenschaft wird beispielsweise bei der Fehling-Probe genutzt, einem wichtigen Nachweisverfahren zur Unterscheidung von Aldehyden und Ketonen im Labor. Die physikalischen Eigenschaften werden maßgeblich durch die Carbonylgruppe bestimmt. Beide Verbindungsklassen weisen höhere Siedepunkte auf als vergleichbare Ether und Alkane, bleiben aber unter denen entsprechender Alkohole [s162]. Dies liegt an den Dipol-Dipol-Wechselwirkungen zwischen den Molekülen. Die Wasserlöslichkeit nimmt mit steigender Kettenlänge ab, was bei der Verwendung als Lösungsmittel berücksichtigt werden muss. In der Spektroskopie zeigen beide Verbindungsklassen charakteristische Absorptionsbanden: Eine starke Bande um 1710-1720 cm^{-1} ist auf die polare C=O-Bindung zurückzuführen.

Aldehyde lassen sich durch zusätzliche mittlere Banden bei 2700 und 2800 cm^{-1} von Ketonen unterscheiden [s163], was für die analytische Praxis von großer Bedeutung ist. Eine wichtige Schutzgruppentechnik ist die Umwandlung von Aldehyden und Ketonen in <u>Thioacetale</u>, die unter milden Bedingungen mit hohen Ausbeuten durchgeführt werden kann [s164]. Diese Methode ist besonders wertvoll in der organischen Synthese, wenn die Carbonylgruppe temporär maskiert werden soll. Die Bedeutung von Aldehyden und Ketonen erstreckt sich weit über das Labor hinaus. Viele natürliche Aromastoffe wie <u>Vanillin</u> (ein Aldehyd) oder Himbeerketon sind Vertreter dieser Stoffklassen. In der industriellen Synthese spielen sie eine zentrale Rolle bei der Herstellung von Kunststoffen, Arzneimitteln und Farbstoffen.

Glossar

Carbonylgruppe

Eine funktionelle Gruppe bestehend aus einem Kohlenstoffatom mit einer Doppelbindung zu einem Sauerstoffatom, die in vielen biochemischen Prozessen eine Schlüsselrolle spielt

Hemiacetal

Zwischenprodukte bei der Reaktion von Aldehyden mit Alkoholen, wichtig für viele biologische Prozesse

Nucleophil

Chemische Teilchen mit einem Elektronenüberschuss, die bevorzugt mit elektronenarmen Zentren reagieren

Thioacetal

Schwefelhaltige Schutzgruppen, die besonders stabil gegen Basen und Nucleophile sind

Vanillin

Hauptaromastoff der Vanilleschote, wird heute meist synthetisch hergestellt und ist der weltweit meistverwendete Aromastoff

3. 2. 3. Carbonsäuren und Derivate

arbonsäuren und ihre Derivate bilden eine der wichtigsten Stoffklassen in der organischen Chemie. Das charakteristische Merkmal der Carbonsäuren ist die Carboxylgruppe (-COOH), die aus einer Carbonylgruppe (C=O) und einer Hydroxylgruppe (-OH) besteht [s165]. Diese Kombination verleiht Carbonsäuren ihre typischen sauren Eigenschaften, da sie in wässriger Lösung Protonen abspalten können [s166]. Die IUPAC-Nomenklatur für Carbonsäuren folgt klaren Regeln: Die Carboxylgruppe erhält stets die Position 1 in der Nummerierung, da sie die höchste Priorität unter den funktionellen Gruppen besitzt [s167]. Der Name wird gebildet, indem die Endung -e des entsprechenden Alkans durch -säure (engl.: -oic acid) ersetzt wird [s168]. Bei Dicarbonsäuren wie Oxalsäure, Malonsäure oder Bernsteinsäure wird die Endung -disäure verwendet [s169]. Ein faszinierender Aspekt der Carbonsäurederivate ist ihre Vielfalt und Reaktivität. Zu den wichtigsten Derivaten zählen Ester, Amide, Säurehalogenide und Anhydride [s170]. Ester entstehen, wenn die Hydroxylgruppe der Carbonsäure durch eine OR-Gruppe ersetzt wird. Sie sind für viele Fruchtaromen verantwortlich - beispielsweise verleiht Ethylbutanoat Ananas ihren charakteristischen Duft. Bei der Benennung von Estern wird zuerst die R-Gruppe genannt, gefolgt vom Namen der Säure, wobei '-säure' durch '-oat' ersetzt wird [s167]. Amide, bei denen die OH-Gruppe durch eine NH2-Gruppe ersetzt ist, spielen eine zentrale Rolle in biologischen Systemen. Die Peptidbindungen in Proteinen sind Amidbindungen. Ein alltägliches Beispiel ist Acetamid, das als Weichmacher in der Kunststoffindustrie verwendet wird [s166]. Säurehalogenide entstehen durch Ersatz der OH-Gruppe durch ein Halogenatom. Sie sind äußerst reaktiv und werden häufig als Zwischenprodukte in der organischen Synthese eingesetzt [s170]. Bei der Handhabung von Säurehalogeniden ist besondere Vorsicht geboten, da sie heftig mit Wasser reagieren. Die Reaktivität der Carbonsäurederivate folgt einer charakteristischen Abstufung: Säurehalogenide > Anhydride > Ester > Amide. Diese Reaktivitätsreihe ist besonders wichtig für die Planung organischer Synthesen. So kann beispielsweise ein Säurechlorid leicht in einen Ester umgewandelt werden, während die umgekehrte Reaktion unter normalen Bedingungen nicht stattfindet [s171]. In der Natur kommen Carbonsäuren und ihre Derivate häufig vor. Fettsäuren sind langkettige Carbonsäuren, die als Ester mit Glycerin die Fette und Öle bilden.

Essigsäure, die einfachste Carbonsäure nach Ameisensäure, ist nicht nur ein wichtiges Gewürz, sondern auch ein bedeutendes industrielles Lösungsmittel [s165]. Die Bedeutung der Carbonsäuren und ihrer Derivate erstreckt sich von der Lebensmittelindustrie über die Kunststoffherstellung bis hin zur Pharmazie. Beim praktischen Umgang ist zu beachten, dass viele Carbonsäuren ätzend wirken und einen charakteristisch stechenden Geruch aufweisen. Im Labor sollte daher stets unter einem Abzug gearbeitet werden.

3. 2. 4. Amine und Amide

mine und Amide gehören zu den wichtigsten stickstoffhaltigen funktionellen Gruppen in der organischen Chemie. Amine lassen sich als Derivate des Ammoniaks (NH3) verstehen, bei denen ein oder mehrere Wasserstoffatome durch organische Reste ersetzt wurden [s172]. Die charakteristische Struktur der Amine beinhaltet ein Stickstoffatom mit einem freien Elektronenpaar, das für ihre chemischen Eigenschaften von zentraler Bedeutung ist [s173]. Je nach Anzahl der an den Stickstoff gebundenen organischen Reste unterscheidet man zwischen primären (-NH2), sekundären (-NHR) und tertiären Aminen (-NR2) [s174]. Diese Klassifizierung ist besonders wichtig für die Vorhersage ihrer Reaktivität und physikalischen Eigenschaften. Ein alltägliches Beispiel für ein primäres Amin ist Methylamin, das für den charakteristischen Fischgeruch verantwortlich ist. Die Nomenklatur der Amine folgt den iupac-Regeln, wobei die Endung "-amin" an den Namen des längsten Kohlenstoffgerüsts angehängt wird [s175]. Bei komplexeren Aminen werden die Substituenten am Stickstoff als N-Alkylgruppen bezeichnet. So wird beispielsweise CH3-NH-CH3 als N-Methylmethanamin bezeichnet. Eine besondere Eigenschaft der Amine ist ihre Basizität [s176]. Das freie Elektronenpaar am Stickstoff kann ein Proton aufnehmen, wodurch Amine als schwache Basen fungieren. Diese Eigenschaft macht sie zu wichtigen Reaktionspartnern in vielen biologischen Prozessen. In der Praxis ist dies beispielsweise bei der Herstellung von Medikamenten von Bedeutung, wo Amine oft als basische Zentren fungieren. Die physikalischen Eigenschaften der Amine werden maßgeblich durch ihre Fähigkeit zur Bildung von Wasserstoffbrückenbindungen bestimmt [s177]. Niedere Amine sind dadurch gut wasserlöslich und haben höhere Siedepunkte als entsprechende Kohlenwasserstoffe. Mit zunehmender Kettenlänge nimmt die Wasserlöslichkeit ab, was bei der Extraktion von Aminen im Labor berücksichtigt werden muss. Amide entstehen durch die Reaktion von Aminen mit Carbonsäuren [s173]. Die resultierende Amidbindung (-CO-NH-) ist von fundamentaler Bedeutung in der Biochemie, da sie die Grundlage für die Peptidbildung in Proteinen darstellt. Ein bekanntes Beispiel ist Acetamid (CH3-CO-NH2), das in der Industrie als Lösungsmittel verwendet wird. Heterocyclische Amine, bei denen der Stickstoff Teil eines Rings ist [s178], spielen eine besondere Rolle in biologischen Systemen. Wichtige Beispiele sind die Nukleinbasen in der DNA oder das Nikotin im Tabak. Bei der Handhabung dieser Verbindungen ist Vorsicht geboten, da viele biologisch aktiv sind. Die industrielle Bedeutung von Aminen und Amiden ist enorm. Sie finden Verwendung als Ausgangsstoffe für Kunststoffe, Farbstoffe und Pharmazeutika [s173]. In der organischen Synthese sind sie unverzichtbare Bausteine. Bei der praktischen Arbeit mit Aminen ist zu beachten, dass viele einen charakteristischen, oft unangenehmen Geruch haben und gesundheitsschädlich sein können. Eine besondere Klasse stellen die quartären Ammoniumsalze dar [s177], die durch vollständige Alkylierung von Ammoniak entstehen. Sie werden häufig als Phasentransferkatalysatoren und Desinfektionsmittel eingesetzt. Ein bekanntes Beispiel ist Benzalkoniumchlorid, das in vielen Reinigungsmitteln verwendet wird.

Zusammenfassung - 3. 2. Funktionelle Gruppen

- Alkohole werden in primäre, sekundäre und tertiäre Kategorien basierend auf der Anzahl gebundener Kohlenstoffatome klassifiziert

- Die Wasserstoffbrückenbindungen bei Alkoholen führen zu deutlich höheren Siedepunkten als bei vergleichbaren Alkanen - Ethanol siedet bei 78,3°C während Ethan bereits bei -88,6°C siedet

- Ether bilden keine Wasserstoffbrückenbindungen und neigen zur Bildung explosiver Peroxide bei Luftkontakt

- Die Carbonylgruppe in Aldehyden und Ketonen trägt eine partielle positive Ladung am Kohlenstoff, was sie anfällig für nucleophile Angriffe macht

- Aldehyde lassen sich leicht zu Carbonsäuren oxidieren, während Ketone oxidationsresistent sind

- Aldehyde zeigen charakteristische IR-Absorptionsbanden bei 2700 und 2800 cm-1, die bei Ketonen fehlen

- Thioacetale dienen als wichtige Schutzgruppen für Carbonylverbindungen in der organischen Synthese

- Die Reaktivität von Carbonsäurederivaten folgt der Reihe: Säurehalogenide > Anhydride > Ester > Amide

- Amine werden durch ihr freies Elektronenpaar am Stickstoff zu schwachen Basen

- Heterocyclische Amine sind häufig biologisch aktiv und Bestandteil wichtiger Biomoleküle wie DNA

- Quartäre Ammoniumsalze fungieren als Phasentransferkatalysatoren und Desinfektionsmittel

3. 3. Naturstoffchemie

ie Naturstoffchemie eröffnet faszinierende Einblicke in die molekularen Grundlagen des Lebens. Wie schaffen es Organismen, aus einfachen chemischen Bausteinen komplexe Strukturen aufzubauen? Welche Rolle spielen diese Biomoleküle in den vielfältigen Stoffwechselprozessen? Und wie können wir dieses Wissen nutzen, um neue therapeutische Ansätze zu entwickeln? Die vier großen Stoffklassen - Kohlenhydrate, Proteine, Lipide und Nucleinsäuren - bilden das molekulare Fundament aller bekannten Lebensformen. Ihre Strukturen und Funktionen zu verstehen bedeutet, die chemische Sprache des Lebens zu entschlüsseln. Von der Energiegewinnung über den Aufbau zellulärer Strukturen bis hin zur Speicherung genetischer Information - jede dieser Stoffklassen erfüllt spezifische und unverzichtbare Aufgaben. Die moderne Naturstoffchemie verbindet dabei grundlegende chemische Prinzipien mit aktuellen Anwendungen in Medizin und Biotechnologie. Von der Entwicklung neuer Medikamente bis zur Optimierung von Industrieprozessen - das Verständnis der molekularen Grundbausteine des Lebens eröffnet innovative Lösungsansätze für aktuelle gesellschaftliche Herausforderungen.

„Kohlenhydrate folgen der allgemeinen Formel $C_x(H_2O)_y$ und gehören zu den wichtigsten Biomolekülen auf der Erde.“

3. 3. 1. Kohlenhydrate

Kohlenhydrate gehören zu den wichtigsten Biomolekülen auf der Erde und spielen eine zentrale Rolle im Energiestoffwechsel der meisten Organismen [s179]. Diese Verbindungen, die aus Kohlenstoff, Wasserstoff und Sauerstoff bestehen, folgen der allgemeinen Formel $C_x(H_2O)_y$ [s180]. Im menschlichen Körper fungieren sie als einer der drei essentiellen Makronährstoffe neben Proteinen und Fetten [s181]. Die Klassifizierung der Kohlenhydrate erfolgt hauptsächlich in vier Kategorien: Monosaccharide (Einfachzucker), Disaccharide (Zweifachzucker), Oligosaccharide (3-10 Einheiten) und Polysaccharide (mehr als 10 Einheiten) [s180]. Monosaccharide wie Glukose, Fruktose und Galaktose bilden die grundlegenden Bausteine. Ein interessantes Phänomen ist dabei die Mutarotation - die spontane Umwandlung zwischen verschiedenen ringförmigen Strukturen dieser Zucker [s182].

In der Natur kommen Kohlenhydrate am häufigsten als Polysaccharide vor [s183]. Die drei wichtigsten Vertreter sind:
- Stärke (Energiespeicher in Pflanzen)

- Glykogen (Energiespeicher in Tieren)

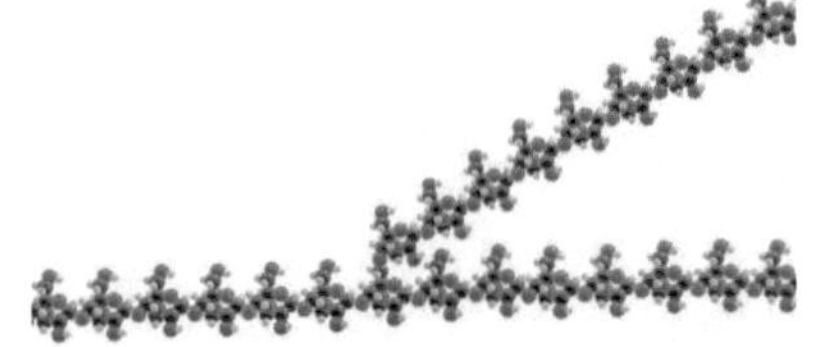

Glykogen [i29]

- Cellulose (Strukturkomponente in Pflanzenzellwänden)

Ein faszinierender Aspekt ist die unterschiedliche Verdaubarkeit dieser Strukturen: Während der menschliche Körper Stärke sehr gut verwerten kann, fehlen ihm die Enzyme zum Abbau von Cellulose [s183]. Dies erklärt, warum wir Kartoffeln als Energiequelle nutzen können, Holz hingegen nicht. Für die Ernährung besonders relevant ist die Unterscheidung zwischen einfachen und komplexen Kohlenhydraten [s184]. Einfache Kohlenhydrate, wie sie in Süßigkeiten vorkommen, werden schnell verdaut und lassen den Blutzuckerspiegel rasch ansteigen. Ein praktischer Tipp für den Alltag: Wer Heißhungerattacken vermeiden möchte, sollte bevorzugt zu komplexen Kohlenhydraten greifen, wie sie in Vollkornprodukten, Hülsenfrüchten und Gemüse vorkommen [s185]. Die empfohlene tägliche Aufnahme von Kohlenhydraten liegt bei 45-65% der Gesamtkalorienzufuhr, was etwa 200-300g entspricht [s185]. Besonders wichtig ist dabei die Aufnahme von Ballaststoffen, von denen Erwachsene täglich etwa 30g zu sich nehmen sollten. Ein einfacher Weg, dies zu erreichen, ist der Austausch von Weißmehlprodukten gegen Vollkornvarianten. Interessant für die Laborpraxis ist der Benedict-Test, mit dem sich reduzierende Zucker nachweisen lassen [s184]. Die Farbänderung von blau über grün bis hin zu orange gibt dabei Aufschluss über die Konzentration. Dies ist besonders in der Lebensmittelanalytik und medizinischen Diagnostik von Bedeutung. Die Verdauung der Kohlenhydrate beginnt bereits im Mund durch das Enzym amylase [s184]. Ein praktischer Tipp: Längeres Kauen verbessert nicht nur die mechanische Zerkleinerung, sondern ermöglicht auch eine effektivere enzymatische Spaltung der Stärke bereits im Mundraum. Polysaccharide erfüllen neben ihrer Funktion als Energiespeicher auch wichtige strukturelle Aufgaben. Ein faszinierendes Beispiel ist Chitin, das sowohl im Exoskelett von Arthropoden als auch in Pilzzellwänden vorkommt [s186]. Diese vielfältigen Funktionen der Kohlenhydrate zeigen ihre zentrale Bedeutung für das Leben auf der Erde.

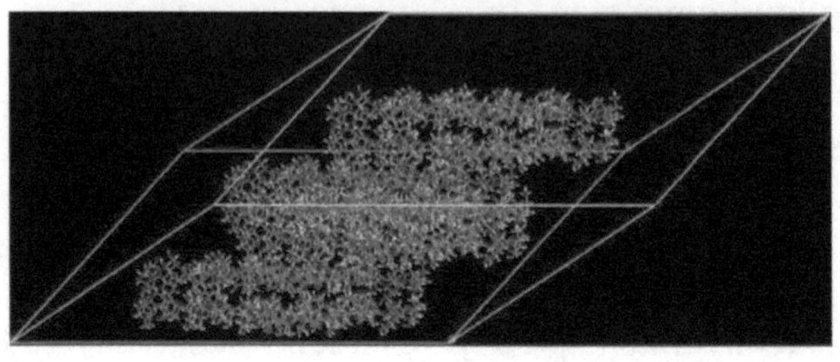

Cellulose [i30]

3. 3. 2. Aminosäuren und Proteine

minosäuren sind die fundamentalen Bausteine der Proteine und spielen eine zentrale Rolle in nahezu allen biologischen Prozessen [s187]. Jede Aminosäure besitzt eine charakteristische Struktur mit einer Aminogruppe (-NH2), einer Carboxylgruppe (-COOH) und einer spezifischen Seitenkette, die als R-Gruppe bezeichnet wird [s188]. Diese R-Gruppe verleiht jeder der 20 proteinogenen Aminosäuren ihre einzigartigen chemischen und physikalischen Eigenschaften.

Die Natur zeigt hier eine bemerkenswerte Effizienz: Mit nur 20 verschiedenen Aminosäuren als Grundbausteine kann eine nahezu unbegrenzte Vielfalt an Proteinen aufgebaut werden [s189]. Ein anschauliches Beispiel dafür ist das menschliche Hämoglobin - ein komplexes Protein aus vier Untereinheiten, das für den Sauerstofftransport im Blut verantwortlich ist.

Besonders interessant ist die Klassifizierung der Aminosäuren in vier Hauptgruppen [s190]:
- Gruppe I: unpolare Aminosäuren (wie Alanin und Leucin)
- Gruppe II: polare, ungeladene Aminosäuren (wie Serin und Threonin)
- Gruppe III: saure Aminosäuren (wie Asparaginsäure)
- Gruppe IV: basische Aminosäuren (wie Lysin)

Ein faszinierender Aspekt ist die Rolle der schwefelhaltigen Aminosäuren Methionin und Cystein [s191]. Cystein kann durch seine Fähigkeit zur Bildung von <u>Disulfidbrücken</u> maßgeblich zur Stabilisierung der Proteinstruktur beitragen. In der Praxis nutzt man dieses Wissen beispielsweise beim Haarstyling: Die Dauerwelle funktioniert durch das gezielte Brechen und Neuformen dieser Disulfidbrücken in den Haarproteinen. Die Proteinstruktur selbst ist hierarchisch in vier Ebenen organisiert [s192]: 1. Primärstruktur: die lineare Aminosäuresequenz 2. Sekundärstruktur: lokale Faltungsmuster wie α-Helix und β-Faltblatt 3. Tertiärstruktur: die vollständige dreidimensionale Anordnung 4. Quartärstruktur: Zusammenlagerung mehrerer Proteinketten Ein praktisch relevanter Aspekt ist die Unterscheidung zwischen essentiellen und nicht-essentiellen Aminosäuren [s187]. Neun Aminosäuren müssen über die Nahrung aufgenommen werden, da der menschliche Körper sie nicht selbst herstellen kann. Für eine ausgewogene Proteinversorgung empfiehlt sich daher eine Kombination verschiedener Proteinquellen: Während tierische Produkte meist alle essentiellen Aminosäuren enthalten, sollten Vegetarier und Veganer gezielt verschiedene pflanzliche Proteinquellen kombinieren, beispielsweise Hülsenfrüchte mit Getreide. Die medizinische Bedeutung von Peptiden und Proteinen zeigt sich eindrucksvoll in der Entwicklung therapeutischer Peptide [s193]. Diese Wirkstoffe zeichnen sich durch hohe Spezifität und geringe Nebenwirkungen aus. Ein bekanntes Beispiel ist Insulin, das als Peptidhormon bei Diabetes mellitus eingesetzt wird. Ein faszinierendes Phänomen ist die Proteinfaltung [s194], die durch verschiedene schwache Wechselwirkungen gesteuert wird. In lebenden Zellen unterstützen spezielle Helferproteine, sogenannte Chaperone, diesen komplexen Prozess. Fehler in der Proteinfaltung können zu schwerwiegenden Erkrankungen wie Alzheimer oder Parkinson führen. Die posttranslationalen Modifikationen von Proteinen [s195] erweitern deren funktionale Vielfalt erheblich. Ein Beispiel ist die Phosphorylierung, die wie ein molekularer Schalter die Aktivität von Proteinen regulieren kann. Diese Modifikationen spielen eine wichtige Rolle bei der Signalübertragung in Zellen und sind damit zentral für viele biologische Prozesse.

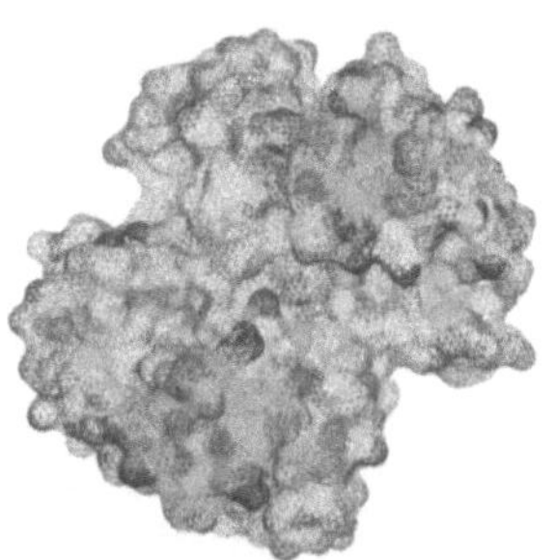

Hämoglobin [i31]

Glossar

Chaperon
Molekulare Begleitproteine, die anderen Proteinen bei ihrer korrekten Faltung helfen und dabei verhindern, dass sich Proteine falsch zusammenlagern oder verklumpen

Disulfidbrücken
Kovalente Bindungen zwischen zwei Schwefelatomen, die in der Biochemie eine wichtige Rolle bei der Stabilisierung von Proteinstrukturen spielen und reversibel gebildet werden können

Phosphorylierung
Biochemischer Prozess, bei dem eine Phosphatgruppe an ein Molekül angehängt wird, wodurch sich dessen Eigenschaften und Aktivität gezielt verändern lassen

posttranslationale Modifikation
Chemische Veränderungen an Proteinen nach ihrer Bildung an den Ribosomen, die ihre Funktion, Lokalisation oder Lebensdauer beeinflussen können

3. 3. 3. Lipide

ipide bilden neben Kohlenhydraten und Proteinen die dritte große Gruppe der Biomoleküle. Diese strukturell vielfältige Stoffklasse zeichnet sich durch ihre Wasserunlöslichkeit (<u>Hydrophobie</u>) aus [s196]. Diese Eigenschaft ist von fundamentaler Bedeutung für ihre biologischen Funktionen, insbesondere beim Aufbau biologischer Membranen.

Eine zentrale Gruppe der Lipide sind die Fettsäuren, die als Bausteine komplexerer Lipide dienen. Sie bestehen aus einer Kohlenwasserstoffkette mit einer Carboxylgruppe (-COOH) am Ende [s196]. Besonders interessant ist ihr amphipathischer Charakter: Während die Carboxylgruppe hydrophil (wasserliebend) ist, zeigt die Kohlenwasserstoffkette hydrophobes (wasserabweisendes) Verhalten. Diese Eigenschaft führt zu einem faszinierenden Selbstorganisationsprozess in wässriger Umgebung - der Bildung von <u>Mizellen</u> und Lipid-Doppelschichten [s196]. In biologischen Membranen ordnen sich <u>Phospholipide</u> zu einer charakteristischen Doppelschicht an, wobei die hydrophilen Kopfgruppen nach außen zum Wasser zeigen, während die hydrophoben Schwänze das Innere der Membran bilden. Diese Anordnung ist essentiell für die Funktion von Zellmembranen als selektive Barriere [s196]. Ein praktisches Beispiel für dieses Prinzip findet sich in der Waschmittelchemie: Ähnlich wie Phospholipide in Membranen können Seifenmoleküle Fettflecken aus Textilien entfernen, indem sie Mizellen um die Fettmoleküle bilden. Im Stoffwechsel spielen Lipide eine zentrale Rolle als Energiespeicher [s197]. Triglyceride, bestehend aus Glycerin und drei Fettsäuren, sind dabei die effizienteste Form der Energiespeicherung im Körper. Ein Gramm Fett liefert etwa 37 kJ (9 kcal) Energie, mehr als doppelt so viel wie die gleiche Menge Kohlenhydrate oder Proteine. Dies erklärt, warum der Körper überschüssige Energie bevorzugt in Form von Fett speichert. Die Lipidanalytik im Labor umfasst verschiedene Techniken zur Trennung und Charakterisierung [s197]. Eine häufig verwendete Methode ist die Dünnschichtchromatographie, bei der verschiedene Lipidklassen aufgrund ihrer unterschiedlichen Polarität getrennt werden können. Für die Praxis wichtig: Bei der Probenvorbereitung muss besonders auf die Verwendung geeigneter organischer Lösungsmittel geachtet werden, da Lipide in Wasser unlöslich sind.

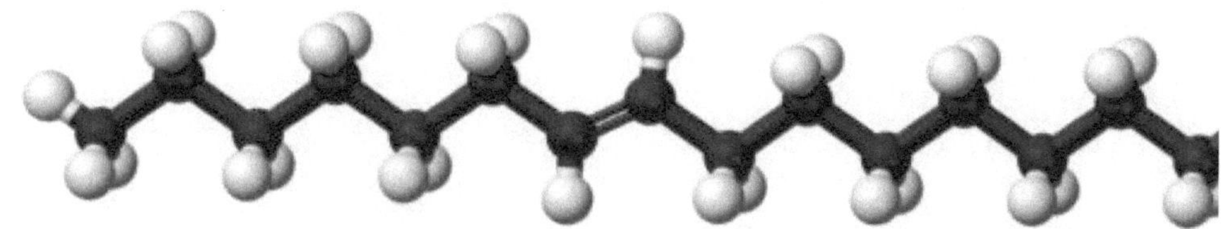

Fettsäuren [i32]

Neben ihrer Rolle als Energiespeicher und Membranbausteine fungieren Lipide auch als Signalmoleküle [s198]. Steroidhormone wie Testosteron und Östrogen sind beispielsweise <u>lipophile</u> Moleküle, die aufgrund ihrer Fettlöslichkeit leicht Zellmembranen passieren können. Dies ermöglicht eine effiziente Signalübertragung im Körper. In der Biotechnologie gewinnt die gezielte Modifikation von Lipiden zunehmend an Bedeutung [s198]. Ein

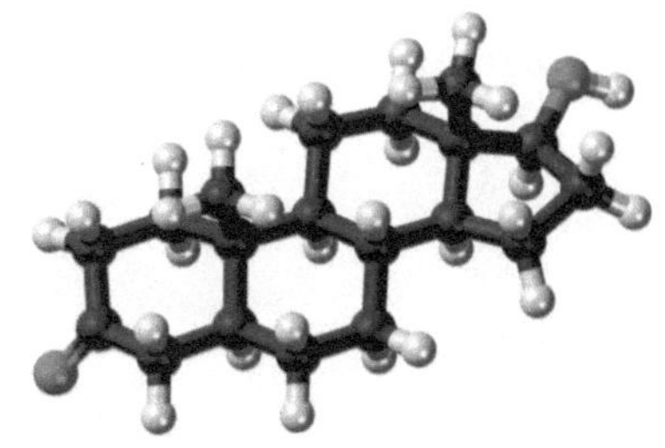

Steroidhormone [i33]

aktuelles Beispiel ist die Entwicklung von Lipid-Nanopartikeln für mRNA-Impfstoffe, wie sie bei COVID-19-Impfungen zum Einsatz kommen. Diese Technologie nutzt die natürlichen Eigenschaften von Lipiden, um therapeutische Moleküle gezielt in Zellen einzuschleusen.

Glossar

Hydrophobie

Eine physikalische Eigenschaft von Molekülen, die Wasser abstoßen. Diese Moleküle lagern sich bevorzugt mit anderen wasserabweisenden Stoffen zusammen.

lipophil

Eigenschaft von Substanzen, sich bevorzugt in Fetten und Ölen zu lösen, was für die Aufnahme bestimmter Wirkstoffe im Körper wichtig ist.

Mizelle

Kugelförmige Strukturen aus Lipidmolekülen, bei denen die wasserabweisenden Teile nach innen und die wasserlöslichen Teile nach außen zeigen.

Phospholipid

Spezielle Lipide mit Phosphatgruppe, die den Hauptbestandteil biologischer Membranen bilden und für den Aufbau von Zellhüllen essentiell sind.

3. 3. 4. Nucleinsäuren

<u>Nucleinsäuren</u> gehören zu den faszinierendsten Biomolekülen und sind die Träger der genetischen Information in allen bekannten Lebewesen [s199]. Sie lassen sich in zwei Haupttypen unterteilen: die Desoxyribonukleinsäure (DNA) und die Ribonukleinsäure (RNA), die sich sowohl in ihrer chemischen Struktur als auch in ihren biologischen Funktionen unterscheiden. Die DNA, die sich bei <u>Eukaryoten</u> hauptsächlich im Zellkern befindet, weist eine charakteristische Doppelhelixstruktur auf [s199]. Diese elegante Architektur basiert auf der komplementären Basenpaarung zwischen den Nucleotiden: Adenin paart sich mit Thymin und Guanin mit Cytosin. Ein faszinierender Aspekt ist die enorme Informationsdichte: In einer einzigen menschlichen Zelle sind etwa zwei Meter DNA kompakt verpackt. Um dies zu veranschaulichen: Würde man die DNA aller Zellen eines Menschen aneinanderreihen, könnte man damit etwa 70-mal zwischen Erde und Sonne hin- und zurückreisen.

Die RNA unterscheidet sich von der DNA durch den Zuckerbaustein Ribose (statt Desoxyribose) und die Base Uracil (statt Thymin) [s199]. Sie existiert in verschiedenen Formen, die unterschiedliche Aufgaben erfüllen:
- Messenger-RNA (mRNA): überträgt genetische Information
- Transfer-RNA (tRNA): transportiert Aminosäuren
- Ribosomale RNA (rRNA): bildet Bestandteile der Proteinfabriken
- Micro-RNA (miRNA): reguliert die Genexpression

Ein besonders interessantes Phänomen sind die <u>G-Quadruplexe</u> (G4), spezielle Strukturen in guaninreichen Regionen der Nucleinsäuren [s200]. Diese nicht-kanonischen Strukturen spielen eine wichtige Rolle bei verschiedenen biologischen Prozessen und sind ein vielversprechendes Ziel für therapeutische Ansätze, beispielsweise in der Krebstherapie. Die Methylierung von Nucleinsäuren stellt einen wichtigen regulatorischen Mechanismus dar [s200]. Diese chemische Modifikation kann die Genaktivität beeinflussen und spielt eine zentrale Rolle in der <u>Epigenetik</u>. Praktische Bedeutung hat dies beispielsweise bei der Entwicklung von Krebstherapien, da abnormale DNA-Methylierungsmuster oft mit der Entstehung von Tumoren in Verbindung stehen. Für das Verständnis der Nucleinsäurestrukturen haben sich verschiedene biophysikalische Methoden als unverzichtbar erwiesen [s200]. Die NMR-Spektroskopie ermöglicht dabei Einblicke in die dynamischen Eigenschaften dieser Moleküle [s201].

In der Praxis nutzt man diese Erkenntnisse beispielsweise bei der Entwicklung von RNA-basierten Therapeutika. Ein innovativer Ansatz für die Lehre sind Papier-Nucleinsäuremodelle [s202]. Diese ermöglichen es Studierenden, die komplexen dreidimensionalen Strukturen hands-on zu erfassen. Ein praktischer Tipp für Lehrende: Die Modelle lassen sich leicht selbst erstellen und sind besonders effektiv, wenn Lernende die Strukturen eigenständig zusammenbauen. Das zentrale Dogma der Molekularbiologie beschreibt den Informationsfluss von DNA über RNA zu Proteinen [s199]. Dieser fundamentale Prozess bildet die Grundlage für das Verständnis der modernen Biotechnologie und hat praktische Anwendungen in verschiedenen Bereichen, von der Medizin bis zur Landwirtschaft. Die Entwicklung chemisch modifizierter <u>Oligonucleotide</u> hat neue Möglichkeiten in der Therapie eröffnet [s200]. Diese synthetischen DNA- oder RNA-Moleküle können gezielt in zelluläre Prozesse eingreifen. Ein aktuelles Beispiel ist die Entwicklung von RNA-Impfstoffen, die bei der COVID-19-Pandemie eine entscheidende Rolle gespielt haben.

Glossar

Epigenetik
Wissenschaft der vererbbaren Änderungen der Genaktivität, die nicht durch Veränderungen der DNA-Sequenz verursacht werden.

Eukaryot
Lebewesen, deren Zellen einen echten Zellkern besitzen, wie zum Beispiel Tiere, Pflanzen und Pilze.

G-Quadruplex
Sekundärstrukturen aus gestapelten Guanin-Quartetten, die sich in guaninreichen DNA- und RNA-Sequenzen bilden können.

Nucleinsäure
Langkettige Biomoleküle, die aus einzelnen Nucleotiden aufgebaut sind und als chemische Grundbausteine Phosphorsäure, Zucker und organische Basen enthalten.

Oligonucleotid
Kurze, synthetisch hergestellte DNA- oder RNA-Moleküle, die typischerweise aus 10-100 Nucleotiden bestehen.

Zusammenfassung - 3. 3. Naturstoffchemie

- Kohlenhydrate folgen der allgemeinen Formel $C_x(H_2O)_y$ und durchlaufen das Phänomen der Mutarotation bei ringförmigen Strukturen

- Der menschliche Körper kann Stärke verdauen, aber nicht Cellulose aufgrund fehlender Enzyme

- Die empfohlene tägliche Kohlenhydrataufnahme beträgt 45-65% der Gesamtkalorienzufuhr (200-300g)

- Der Benedict-Test ermöglicht den Nachweis reduzierender Zucker durch Farbänderung von blau über grün zu orange

- Chitin erfüllt strukturelle Aufgaben sowohl in Arthropoden-Exoskeletten als auch Pilzzellwänden

- Cystein ermöglicht durch Disulfidbrücken die Stabilisierung von Proteinstrukturen, was bei der Dauerwelle genutzt wird

- Chaperone unterstützen den komplexen Prozess der Proteinfaltung in lebenden Zellen

- Phosphorylierung fungiert als molekularer Schalter zur Regulierung der Proteinaktivität

- Lipide bilden in wässriger Umgebung spontan Mizellen und Lipid-Doppelschichten durch ihren amphipathischen Charakter

- Ein Gramm Fett liefert 37 kJ (9 kcal) Energie - mehr als doppelt so viel wie Kohlenhydrate oder Proteine

- Steroidhormone können als lipophile Moleküle leicht Zellmembranen passieren

- Die DNA eines einzelnen Menschen würde aneinandergereiht etwa 70 Mal die Strecke zwischen Erde und Sonne überbrücken

- G-Quadruplexe in guaninreichen DNA-Regionen sind vielversprechende Ziele für Krebstherapien

- Chemisch modifizierte Oligonucleotide ermöglichen gezielte Eingriffe in zelluläre Prozesse

- Alkane folgen der Summenformel $CnH2n+2$ und zeigen mit steigender Kettenlänge eine dramatisch zunehmende Anzahl möglicher Isomere.

- Die sp3-Hybridisierung der Kohlenstoffatome führt zu einem charakteristischen Bindungswinkel von $109,5°$.

- Cycloalkane unterscheiden sich durch ihre Ringstruktur und folgen der Formel $CnH2n$.

- Alkene und Alkine sind durch Mehrfachbindungen gekennzeichnet und deutlich reaktiver als Alkane.

- Die cis-trans-Isomerie bei Alkenen hat erhebliche Auswirkungen auf chemische und physikalische Eigenschaften.

- Acetylide entstehen durch Deprotonierung von Alkinen und sind ausgezeichnete Nucleophile.

- Aromaten zeichnen sich durch delokalisierte π-Elektronen aus und folgen der Hückel-Regel ($4n+2$ π-Elektronen).

- Die elektrophile aromatische Substitution ist der wichtigste Reaktionstyp bei Aromaten.

- Chirale Moleküle und ihre Spiegelbilder (Enantiomere) können unterschiedliche biologische Wirkungen haben.

- Alkohole bilden Wasserstoffbrückenbindungen und zeigen dadurch höhere Siedepunkte als entsprechende Alkane.

- Die Carbonylgruppe in Aldehyden und Ketonen ist stark polarisiert und reagiert bevorzugt mit Nucleophilen.

- Carbonsäurederivate folgen einer charakteristischen Reaktivitätsreihe: Säurehalogenide > Anhydride > Ester > Amide.

- Amine fungieren aufgrund ihres freien Elektronenpaars als schwache Basen.

- Kohlenhydrate spielen eine zentrale Rolle im Energiestoffwechsel und folgen der Formel $Cx(H2O)y$.

- Die 20 proteinogenen Aminosäuren ermöglichen den Aufbau einer nahezu unbegrenzten Vielfalt an Proteinen.

- Lipide organisieren sich aufgrund ihrer amphipathischen Eigenschaften spontan zu Membranen und Mizellen.

- Nucleinsäuren speichern genetische Information durch komplementäre Basenpaarung in der DNA-Doppelhelix.

- Die Methylierung von Nucleinsäuren stellt einen wichtigen epigenetischen Regulationsmechanismus dar.

- Während wir nun die Grundbausteine des Lebens kennengelernt haben, werden wir im nächsten Kapitel erkunden, wie man diese präzise nachweisen und quantifizieren kann.

4. Analytische und Technische Chemie

ie analytische und technische Chemie bildet das methodische Rückgrat der modernen Chemie. Sie vereint präzise Analyseverfahren mit ausgefeilten Synthesetechniken und ermöglicht damit sowohl die Aufklärung molekularer Strukturen als auch deren gezielte Herstellung im industriellen Maßstab. Wie lassen sich komplexe Moleküle zuverlässig identifizieren? Welche Rolle spielen dabei spektroskopische und chromatographische Methoden? Und wie gelingt der Schritt von der Laborynthese zur industriellen Produktion? Die Entwicklung immer empfindlicherer Analysemethoden und effizienterer Syntheseverfahren treibt nicht nur die Grundlagenforschung voran, sondern ermöglicht auch Innovationen in Bereichen wie Materialwissenschaften, Pharmazie und Umwelttechnologie. Gleichzeitig stellen neue Herausforderungen wie Nachhaltigkeit und Ressourceneffizienz die technische Chemie vor die Aufgabe, bestehende Prozesse kontinuierlich zu optimieren. Von der Qualitätskontrolle in der Lebensmittelindustrie bis zur Entwicklung neuer Katalysatoren - die analytische und technische Chemie ist der Schlüssel zum Verständnis und zur gezielten Manipulation molekularer Systeme. Die folgenden Kapitel geben einen fundierten Einblick in die wichtigsten Methoden und Konzepte dieses faszinierenden Teilgebiets der Chemie.

4. 1. Analytische Methoden

ie analytische Chemie steht vor der ständigen Herausforderung, chemische Verbindungen nicht nur qualitativ nachzuweisen, sondern auch ihre genaue Konzentration zu bestimmen. Wie lässt sich die Reinheit eines neu entwickelten Medikaments überprüfen? Welche Methoden eignen sich, um Schadstoffe in Umweltproben nachzuweisen? Und wie können komplexe Stoffgemische in ihre einzelnen Bestandteile zerlegt werden? Die analytischen Methoden der modernen Chemie bieten für diese Fragestellungen ein breites Spektrum an Lösungsansätzen. Von der hochpräzisen Strukturaufklärung mittels spektroskopischer Verfahren über die Trennung von Stoffgemischen durch chromatographische Techniken bis hin zur elektrochemischen Analyse stehen dem Analytiker vielfältige Werkzeuge zur Verfügung. Jede dieser Methoden hat ihre spezifischen Stärken und Einsatzgebiete, die sich oft ideal ergänzen. Die kontinuierliche Weiterentwicklung analytischer Methoden ermöglicht es heute, Substanzen bis in den Spurenbereich nachzuweisen und selbst komplexeste Molekülstrukturen aufzuklären. Ein fundiertes Verständnis dieser Techniken ist daher nicht nur für Analytiker unverzichtbar, sondern bildet die Grundlage für Fortschritte in nahezu allen Bereichen der modernen Chemie.

„Spektroskopische Verfahren basieren auf der Wechselwirkung zwischen elektromagnetischer Strahlung und Materie und ermöglichen die präzise Untersuchung von Molekülstrukturen.“

4. 1. 1. Spektroskopische Verfahren

pektroskopische Verfahren gehören zu den wichtigsten analytischen Methoden in der modernen Chemie und ermöglichen es Wissenschaftlern, die Struktur und Eigenschaften von Molekülen präzise zu untersuchen [s203]. Diese Methoden basieren auf der Wechselwirkung zwischen elektromagnetischer Strahlung und Materie, wobei verschiedene Arten von Spektroskopie unterschiedliche Aspekte eines Moleküls beleuchten. In der praktischen Anwendung kommen verschiedene spektroskopische Techniken zum Einsatz, die sich gegenseitig ergänzen. Die UV-Vis-Spektroskopie beispielsweise wird häufig in der Routineanalytik eingesetzt, um die Konzentration von farbigen Substanzen in Lösungen zu bestimmen [s204]. Ein typisches Anwendungsbeispiel ist die Qualitätskontrolle in der Getränkeindustrie, wo der Farbstoffgehalt in Softdrinks überwacht wird. Die Infrarot(IR)-Spektroskopie spielt eine besondere Rolle bei der Identifizierung funktioneller Gruppen in organischen Molekülen [s205]. In der Polymeranalytik nutzen Wissenschaftler diese Technik, um die chemische Zusammensetzung von Kunststoffen zu untersuchen. Dabei lassen sich beispielsweise Verunreinigungen oder Alterungsprozesse in Polymermaterialien nachweisen. Die Kernspinresonanzspektroskopie (NMR) hat sich als unverzichtbares Werkzeug in der Strukturaufklärung etabliert [s206]. Sie ermöglicht es, die genaue Position von Atomen in einem Molekül zu bestimmen. In der pharmazeutischen Forschung wird diese Methode routinemäßig eingesetzt, um die Reinheit und Struktur von neu entwickelten Wirkstoffen zu überprüfen. Besonders in der forensischen Chemie kommen spektroskopische Verfahren zum Einsatz [s207]. Bei der Aufklärung von Verbrechen können kleinste Spuren von Substanzen mittels verschiedener spektroskopischer Methoden analysiert werden. Die Raman-Spektroskopie beispielsweise ermöglicht die zerstörungsfreie Analyse von Beweismitteln wie Fasern oder Farbpartikeln. In der bioanalytischen Chemie werden spektroskopische Methoden zur Untersuchung von Biomolekülen eingesetzt [s207]. Die Fluoreszenzspektroskopie etwa wird verwendet, um Proteine in lebenden Zellen zu lokalisieren und ihre Funktion zu studieren. Diese Technik ist so empfindlich, dass selbst einzelne Moleküle nachgewiesen werden können. Die Massenspektrometrie (MS) ergänzt als wichtige Analysetechnik die spektroskopischen Verfahren [s204]. Sie ermöglicht die genaue Bestimmung der Molekülmasse und liefert Informationen über die

Fragmentierungsmuster von Molekülen. In der Umweltanalytik wird diese Methode beispielsweise eingesetzt, um Schadstoffe in Wasserproben nachzuweisen. Im modernen Laboralltag werden diese verschiedenen spektroskopischen Methoden oft kombiniert eingesetzt [s208]. Ein typischer Arbeitsablauf könnte so aussehen: Zunächst wird eine unbekannte Probe mittels IR-Spektroskopie auf funktionelle Gruppen untersucht, anschließend die Molekülmasse per MS bestimmt und schließlich die genaue Struktur durch NMR-Spektroskopie aufgeklärt. Die Interpretation der gewonnenen Spektren erfordert sowohl theoretisches Wissen als auch praktische Erfahrung [s206]. Moderne Software-Tools unterstützen dabei die Auswertung, können aber das Fachwissen des Analytikers nicht ersetzen. In der universitären Ausbildung wird daher großer Wert auf praktische Übungen und die Interpretation von Spektren gelegt [s209].

Glossar

Fluoreszenzspektroskopie

Methode zur Untersuchung von Stoffen, die nach Anregung durch Licht selbst leuchten. Besonders nützlich für die Analyse von biologischen Markermolekülen.

Infrarot-Spektroskopie

Analyseverfahren, das die Schwingungen von Molekülbindungen durch Absorption von infrarotem Licht misst. Jedes Molekül zeigt dabei ein charakteristisches Schwingungsmuster.

Kernspinresonanzspektroskopie

Analysemethode, die auf der magnetischen Resonanz von Atomkernen basiert. Ermöglicht detaillierte Einblicke in die elektronische Umgebung einzelner Atome.

Massenspektrometrie

Verfahren zur Bestimmung der Masse von Molekülen durch Ionisierung und anschließende Trennung im elektrischen Feld. Ermöglicht die Identifizierung unbekannter Substanzen anhand ihrer Masse.

Raman-Spektroskopie

Spektroskopische Methode, die auf der inelastischen Streuung von Licht an Molekülen basiert. Liefert komplementäre Informationen zur IR-Spektroskopie.

UV-Vis-Spektroskopie

Messmethode, die das Absorptionsverhalten von Substanzen im ultravioletten und sichtbaren Lichtbereich untersucht. Besonders geeignet für die Analyse von Elektronenübergängen in Molekülen.

4. 1. 2. Chromatographie

ie Chromatographie zählt zu den wichtigsten Trennmethoden in der analytischen Chemie und basiert auf dem Prinzip der unterschiedlichen Verteilung von Substanzen zwischen einer stationären und einer mobilen Phase [s210]. Diese vielseitige Technik ermöglicht es, komplexe Stoffgemische in ihre einzelnen Komponenten zu zerlegen und diese anschließend zu identifizieren sowie zu quantifizieren. In der modernen Analytik kommen verschiedene chromatographische Techniken zum Einsatz. Die Gaschromatographie (GC) eignet sich besonders für die Analyse flüchtiger Verbindungen [s211]. Dabei wird die Probe zunächst verdampft und durch ein inertes Trägergas (meist Helium) durch eine beheizte Säule transportiert. Ein typisches Anwendungsbeispiel ist die Qualitätskontrolle in der Aromastoffindustrie, wo komplexe Duftstoffgemische analysiert werden müssen. Die Hochleistungsflüssigkeitschromatographie (HPLC) hat sich als unverzichtbare Methode für die Analyse nicht-flüchtiger Substanzen etabliert [s212]. Diese Technik wird beispielsweise in der pharmazeutischen Industrie eingesetzt, um die Reinheit von Arzneimitteln zu überprüfen. Ein besonderer Vorteil der HPLC ist ihre Vielseitigkeit - durch die Wahl geeigneter stationärer und mobiler Phasen können sehr unterschiedliche Substanzklassen getrennt werden. Eine innovative Entwicklung stellt die Affinity-Monolith-Chromatographie (AMC) dar [s213]. Diese spezielle Form der Flüssigkeitschromatographie nutzt biologische Wechselwirkungen für hochselektive Trennungen. In der biotechnologischen Forschung wird sie beispielsweise zur Isolierung spezifischer Proteine eingesetzt. Die verwendeten monolithischen Träger ermöglichen dabei höhere Durchflussraten bei geringerem Gegendruck. Die Ionenaustauschchromatographie spielt eine wichtige Rolle bei der Trennung geladener Moleküle [s210]. In der Wasseranalytik nutzen Umweltlabore diese Technik zur Bestimmung von Ionen in Wasserproben. Dabei werden die zu analysierenden Ionen aufgrund ihrer unterschiedlichen Ladung an der stationären Phase zurückgehalten und können so voneinander getrennt werden. Für die praktische Durchführung chromatographischer Analysen ist eine sorgfältige Methodenentwicklung essentiell [s214]. Dies umfasst die Auswahl geeigneter Trennsäulen, mobiler Phasen und Detektoren sowie die Optimierung der Trennbedingungen. In der Routineanalytik hat sich beispielsweise folgende Vorgehensweise bewährt: Zunächst wird eine

Voranalyse mittels Dünnschichtchromatographie durchgeführt, um erste Informationen über das Trennproblem zu erhalten. Anschließend erfolgt die Entwicklung einer HPLC- oder GC-Methode, wobei systematisch verschiedene Parameter optimiert werden. Die moderne Instrumentierung ermöglicht heute hochautomatisierte Analysen [s212]. Moderne Chromatographiesysteme verfügen über Autosampler für die automatische Probenaufgabe, temperierbare Säulenöfen für reproduzierbare Trennungen und verschiedene Detektoren für die selektive Erfassung der getrennten Substanzen. In der forensischen Analytik werden häufig Kopplungstechniken wie GC-MS eingesetzt, die eine noch sicherere Identifizierung der Analyten ermöglichen [s215]. Die Interpretation chromatographischer Daten erfordert sowohl theoretisches Verständnis als auch praktische Erfahrung [s216]. Moderne Auswertesoftware unterstützt zwar bei der Peaks-Integration und Quantifizierung, die finale Bewertung der Ergebnisse muss jedoch stets durch einen erfahrenen Analytiker erfolgen. In der universitären Ausbildung wird daher großer Wert auf praktische Übungen und die Interpretation realer Analysendaten gelegt.

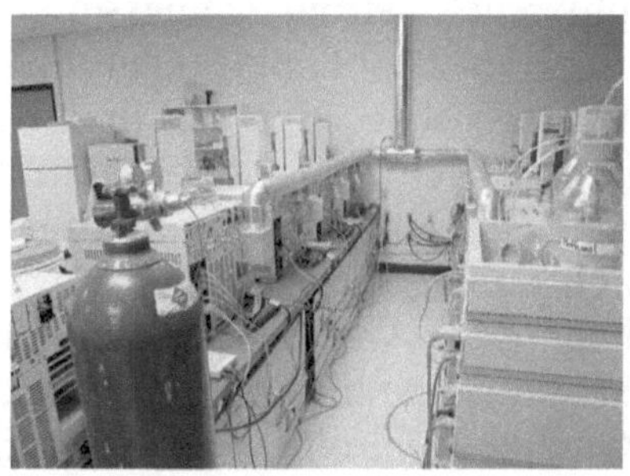

Chromatographie [i34]

4. 1. 3. Elektrochemische Analyse

ie elektrochemische Analyse stellt einen fundamentalen Bereich der analytischen Chemie dar, bei dem chemische Reaktionen durch elektrische Energie beeinflusst und untersucht werden [s217]. Diese Methoden ermöglichen präzise Messungen von Stoffkonzentrationen und Charakterisierungen von Reaktivitäten durch die Erfassung elektrischer Größen wie Potential, Strom oder Ladung [s218]. Ein zentrales Verfahren ist die Potentiometrie, bei der das elektrische Potential zwischen zwei Elektroden gemessen wird. Ein klassisches Beispiel ist die pH-Messung mittels einer Glaselektrode [s219]. In der Praxis wird diese Methode häufig zur Qualitätskontrolle in der Lebensmittelindustrie eingesetzt, etwa bei der Überwachung von Fermentationsprozessen in der Käseherstellung oder Bierproduktion. Die Voltammetrie, eine weitere wichtige Technik, arbeitet mit einem Drei-Elektroden-System aus Arbeits-, Referenz- und Hilfselektrode [s220]. Dabei wird ein variables Potential angelegt und der resultierende Strom gemessen. Diese Methode findet beispielsweise Anwendung in der Umweltanalytik zur Bestimmung von Schwermetallen in Gewässerproben. Bei der praktischen Durchführung ist besonders auf die sorgfältige Reinigung der Elektroden und die Entgasung der Messlösung zu achten, um reproduzierbare Ergebnisse zu erhalten. Die Coulometrie zeichnet sich durch ihre hohe Genauigkeit aus, da sie auf der vollständigen Umsetzung des Analyten basiert [s218]. Ein typisches Anwendungsbeispiel ist die Bestimmung des Wassergehalts nach Karl Fischer, die in der Qualitätskontrolle von Pharmazeutika routinemäßig eingesetzt wird. Dabei wird die benötigte elektrische Ladungsmenge gemessen, die für die vollständige Oxidation des Wassers erforderlich ist. Für die erfolgreiche Durchführung elektrochemischer Analysen ist das Verständnis der Massentransportprozesse essentiell. Die drei Hauptmechanismen - Diffusion, Migration und Konvektion - beeinflussen maßgeblich die Messergebnisse [s220]. In der Praxis wird oft durch Zugabe eines Leitelektrolyten und kontrolliertes Rühren gearbeitet, um definierte Bedingungen zu schaffen. Die Leitfähigkeitsmessung stellt eine weitere wichtige elektrochemische Methode dar [s218]. Sie wird beispielsweise in der Wasseranalytik zur Bestimmung des Mineralgehalts oder in der Prozessüberwachung zur Kontrolle von Reinigungsprozessen eingesetzt. Bei der praktischen Durchführung ist besonders auf eine konstante Temperatur zu achten, da die Leitfähigkeit stark temperaturabhängig ist. Moderne elektrochemische Analysemethoden profitieren von fortschrittlicher Instrumentierung und computergestützter Datenauswertung. Dies ermöglicht beispielsweise bei der Cyclovoltammetrie die detaillierte Untersuchung von Reaktionsmechanismen durch die Aufnahme charakteristischer Strom-Spannungs-Kurven. In der Forschung werden diese Techniken etwa zur Entwicklung neuer Batteriesysteme oder zur Untersuchung von Korrosionsprozessen eingesetzt. Die Kombination verschiedener elektrochemischer Methoden ermöglicht oft tiefere Einblicke in komplexe chemische Systeme. So kann beispielsweise die Kopplung von potentiometrischer Titration und Leitfähigkeitsmessung zusätzliche Informationen über Reaktionsabläufe liefern. In der praktischen Anwendung hat sich ein systematischer Ansatz bewährt, bei dem zunächst einfache Screening-Methoden eingesetzt werden, bevor detailliertere Untersuchungen folgen.

Zusammenfassung - 4. 1. Analytische Methoden

- UV-Vis-Spektroskopie wird in der Getränkeindustrie zur Überwachung des Farbstoffgehalts in Softdrinks eingesetzt
- IR-Spektroskopie ermöglicht die Identifizierung von Alterungsprozessen in Polymermaterialien
- Raman-Spektroskopie erlaubt die zerstörungsfreie Analyse forensischer Beweismittel wie Fasern
- Fluoreszenzspektroskopie kann einzelne Proteinmoleküle in lebenden Zellen nachweisen
- Die Gaschromatographie nutzt Helium als inertes Trägergas für die Analyse flüchtiger Verbindungen
- Affinity-Monolith-Chromatographie ermöglicht höhere Durchflussraten bei geringerem Gegendruck
- GC-MS Kopplungstechniken werden in der forensischen Analytik für präzise Substanzidentifikation eingesetzt
- Die Potentiometrie wird zur Überwachung von Fermentationsprozessen in der Käseherstellung verwendet
- Die Coulometrie nach Karl Fischer bestimmt präzise Wassergehalte in Pharmazeutika
- Cyclovoltammetrie ermöglicht die Untersuchung von Batteriesystemen und Korrosionsprozessen
- Bei der Voltammetrie ist die Entgasung der Messlösung für reproduzierbare Ergebnisse essentiell
- Die Leitfähigkeitsmessung erfordert konstante Temperaturen aufgrund starker Temperaturabhängigkeit

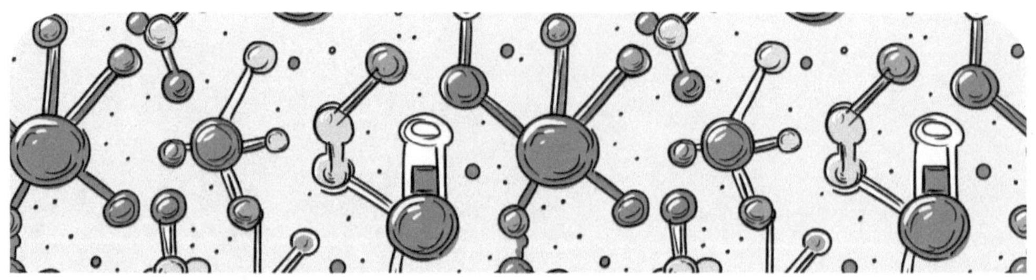

4. 2. Technische Prozesse

Die technischen Prozesse in der chemischen Industrie stehen vor gewaltigen Herausforderungen: Wie können wir chemische Produktionsverfahren nachhaltiger gestalten? Welche Rolle spielen dabei neue Katalysatoren und automatisierte Systeme? Und wie lässt sich die steigende Komplexität moderner Produktionsanlagen beherrschen? Die Antworten auf diese Fragen erfordern ein tiefgreifendes Verständnis der Zusammenhänge zwischen chemischen Reaktionen, verfahrenstechnischen Grundoperationen und industrieller Prozessführung. Von der molekularen Ebene bis zur großtechnischen Produktion müssen dabei verschiedene Aspekte berücksichtigt werden: Die Optimierung von Reaktionsbedingungen, die Entwicklung effizienter Trennverfahren sowie die Integration von Energie- und Stoffströmen. Die kontinuierliche Weiterentwicklung technischer Prozesse, von klassischen Synthesen bis hin zu innovativen elektrochemischen Verfahren, eröffnet dabei neue Möglichkeiten für eine ressourcenschonende und energieeffiziente Produktion. Die folgenden Abschnitte zeigen, wie moderne analytische Methoden, katalytische Systeme und verfahrenstechnische Konzepte zusammenwirken, um die chemische Industrie fit für die Zukunft zu machen.

„Über 80% aller chemischen Prozesse in der Industrie sind auf Katalysatoren angewiesen.“

4. 2. 1. Industrielle Synthesen

ndustrielle Synthesen bilden das Rückgrat der modernen chemischen Industrie und vereinen dabei chemische und ingenieurtechnische Prinzipien zur Entwicklung und Durchführung großtechnischer Produktionsprozesse [s221]. Diese Prozesse müssen nicht nur technisch durchführbar, sondern auch wirtschaftlich rentabel und zunehmend umweltverträglich sein. Die Grundlage jeder industriellen Synthese bildet das tiefgreifende Verständnis der zugrundeliegenden Reaktionsmechanismen. Dabei unterscheidet man zwischen p-Pfaden (radikale, ionische und pericyclische Reaktionen) und d-Pfaden (katalytische Reaktionen mit Übergangsmetallkomplexen) [s221]. Ein praktisches Beispiel hierfür ist die industrielle Herstellung von Polyethylen, bei der je nach gewünschten Produkteigenschaften verschiedene katalytische Systeme zum Einsatz kommen. In modernen Produktionsanlagen spielen automatisierte Reaktionssysteme eine immer wichtigere Rolle. Diese sind mit Online-Analytik, Robotik und maschinellen Lernalgorithmen ausgestattet [s222]. So kann beispielsweise bei der Produktion von Pharmazeutika die Prozessführung in Echtzeit optimiert werden, wodurch Ausbeuten erhöht und Nebenprodukten minimiert werden können. Ein zentraler Aspekt industrieller Synthesen ist die Material- und Energiebilanzierung [s223]. Dabei wird der gesamte Prozess von den Ausgangsstoffen bis zum Endprodukt analysiert, um Verluste zu minimieren und die Effizienz zu maximieren. Bei der Ammoniaksynthese nach dem Haber-Bosch-Verfahren wird beispielsweise nicht umgesetztes Ausgangsmaterial im Kreislauf geführt, um den Gesamtwirkungsgrad zu erhöhen. Die Integration von wirtschaftlichen Prinzipien ist essentiell für die Gestaltung industrieller Prozesse [s223]. Chemieingenieure müssen dabei verschiedene Faktoren wie Rohstoffkosten, Energieverbrauch, Anlagenauslastung und Wartungsaufwand berücksichtigen. Ein anschauliches Beispiel ist die Optimierung von Destillationskolonnen, wo der Energieeinsatz gegen die gewünschte Produktreinheit abgewogen werden muss. Zunehmend wichtiger wird der Aspekt der "Grünen Chemie" [s224]. Die 12 Prinzipien der Grünen Chemie zielen darauf ab, chemische Prozesse nachhaltiger zu gestalten. Dies beinhaltet die Verwendung erneuerbarer Rohstoffe, die Minimierung von Abfällen und die Entwicklung ungiftiger Reaktionswege. Ein erfolgreiches Beispiel ist die Umstellung von lösemittelbasierten auf wasserbasierte Lackierungsprozesse in der Automobilindustrie. Eine vielversprechende

Entwicklung ist die industrielle Elektrosynthese [s225]. Sie ermöglicht die Nutzung erneuerbarer Elektrizität für chemische Prozesse und trägt damit zur Dekarbonisierung bei. Die elektrochemische Hydrodimerisierung beispielsweise bietet gegenüber thermochemischen Verfahren den Vorteil reduzierter Toxizität und besserer Energieeffizienz. Die Ausbildung von Chemieingenieure umfasst daher ein breites Spektrum an Kenntnissen, von der Synthese über die Prozessgestaltung bis hin zur Anlagensteuerung [s226]. Sie müssen in der Lage sein, Rohstoffe durch chemische und physikalische Prozesse in gewünschte Produkte umzuwandeln und dabei technische, wirtschaftliche und ökologische Aspekte zu berücksichtigen. Die Prozessentwicklung erfolgt dabei systematisch von der molekularen Ebene über einzelne Verfahrensschritte bis hin zur Integration in bestehende Produktionsnetzwerke [s223]. Ein typisches Beispiel ist die Entwicklung neuer Katalysatorsysteme, die zunächst im Labormaßstab getestet, dann in Pilotanlagen erprobt und schließlich in die Großproduktion überführt werden.

Glossar

Elektrosynthese
Chemische Umwandlung durch elektrischen Strom, bei der
Elektronen direkt als Reaktanten dienen. Ermöglicht präzise
Kontrolle der Reaktionsbedingungen durch Anpassung der
Spannung und Stromstärke.

Hydrodimerisierung
Chemischer Prozess, bei dem zwei gleiche Moleküle unter
Aufnahme von Wasserstoff zu einem größeren Molekül verbunden
werden. Wichtig für die Herstellung von Spezialchemikalien.

Online-Analytik
Messverfahren zur kontinuierlichen Überwachung chemischer
Prozesse während der laufenden Produktion. Ermöglicht sofortige
Qualitätskontrolle ohne Produktionsunterbrechung.

pericyclisch
Bezeichnet chemische Reaktionen, bei denen Bindungen in einem
ringförmigen Übergangszustand gleichzeitig gebrochen und neu
gebildet werden. Läuft ohne Zwischenstufen ab.

4. 2. 2. Katalyse und Katalysatoren

atalyse und Katalysatoren sind fundamentale Konzepte der modernen chemischen Industrie, die etwa 90% aller chemischen Produkte in unserem Alltag ermöglichen [s227]. Von der Herstellung von Pharmazeutika über Kunststoffe bis hin zu Düngemitteln - Katalysatoren sind die stillen Helfer, die diese Prozesse erst wirtschaftlich machen. Ein Katalysator beschleunigt chemische Reaktionen, indem er die Aktivierungsenergie herabsetzt, ohne dabei selbst verbraucht zu werden [s228]. Dabei reichen oft erstaunlich geringe Mengen des Katalysators aus, um beeindruckende Wirkungen zu erzielen. Ein anschauliches Beispiel ist der Autoabgaskatalysator, bei dem wenige Gramm Edelmetalle ausreichen, um täglich große Mengen schädlicher Abgase in weniger problematische Verbindungen umzuwandeln. Die Forschung hat in den letzten Jahren überraschende Erkenntnisse über die Funktionsweise von Katalysatoren gewonnen. So wurde entdeckt, dass sich während der Reaktion einzelne Metallatome von der Katalysatoroberfläche lösen können und mobile Cluster bilden, die als eigentliche Reaktionszentren fungieren [s227]. Diese Erkenntnis stellt bisherige Modellvorstellungen auf den Prüfstand und eröffnet neue Perspektiven für die Katalysatorentwicklung. Besonders in der heterogenen Katalyse, die für die energieintensivsten industriellen Prozesse relevant ist, zeigen sich vielversprechende Entwicklungen [s229]. Ein innovativer Ansatz ist die Verdünnungslegierungskatalyse, bei der isolierte Atome oder kleine Ensembles eines Minderheitsmetalls auf einem Wirtsmetall platziert werden. Diese Technik wird beispielsweise bei der Entwicklung neuer Gold-, Silber- und Kupfer-basierter Katalysatoren für selektive Oxidations- und Hydrierungsreaktionen eingesetzt. Die Computational Catalysis revolutioniert die Entwicklung neuer Katalysatoren [s228]. Durch den Einsatz von Supercomputern können Wissenschaftler heute tausende potenzieller Katalysatorkombinationen virtuell testen, bevor die vielversprechendsten Kandidaten im Labor synthetisiert werden. Dies beschleunigt die Entwicklung erheblich und reduziert Kosten. Ein konkretes Beispiel ist die Suche nach effizienteren Katalysatoren für die Cellulose-Zersetzung, die Biokraftstoffe wirtschaftlicher machen könnte. Zukunftsweisend ist auch der Einsatz von Katalysatoren in der Batterietechnologie [s228]. Bei der Entwicklung von Lithium-Luft-Batterien, die theoretisch eine deutlich höhere Energiedichte als aktuelle Lithium-

Ionen-Akkus erreichen könnten, spielen katalytische Prozesse eine Schlüsselrolle. Die Integration verschiedener wissenschaftlicher Disziplinen ist für die moderne Katalyseforschung unerlässlich [s230]. In Seminaren und Forschungsprojekten arbeiten Chemiker, Physiker und Materialwissenschaftler eng zusammen, um die komplexen Wechselwirkungen zwischen Katalysator und Reaktanden zu verstehen und zu optimieren. Für die industrielle Anwendung ist besonders relevant, dass über 80% aller chemischen Prozesse auf Katalysatoren angewiesen sind [s229]. Die Entwicklung energieeffizienterer Katalysatoren hat daher enormes Potenzial für die Reduktion des industriellen Energieverbrauchs. Ein integrierter Ansatz, der Materialsynthese, mechanistische Oberflächenchemie, Reaktionskinetik und theoretische Berechnungen kombiniert, hat sich dabei als besonders erfolgreich erwiesen.

4. 2. 3. Verfahrenstechnik

ie Verfahrenstechnik bildet eine zentrale Säule der modernen chemischen Industrie und vereint dabei Erkenntnisse aus Biologie, Chemie, Physik und Mathematik zu einem ganzheitlichen Ansatz [s231]. Im Kern geht es um die gezielte Veränderung von Materialien hinsichtlich ihrer Zusammensetzung, ihres Energiegehalts und Aggregatzustands [s232]. Ein fundamentales Konzept bilden dabei Materialbilanzen für reagierende und nicht-reagierende Prozesse [s233]. Nehmen wir als Beispiel eine Destillationskolonne zur Trennung eines Ethanol-Wasser-Gemischs: Hier müssen präzise Ein- und Ausgangsströme bilanziert werden, um optimale Trennleistungen zu erzielen. Die mathematische Modellierung solcher Prozesse erfolgt heute überwiegend computergestützt mit spezieller Simulationssoftware [s234]. Besondere Bedeutung kommt den Transportphänomenen zu, die die Grundlage vieler verfahrenstechnischer Operationen bilden [s235]. Dies umfasst Wärme-, Stoff- und Impulstransport. Ein anschauliches Beispiel ist der Wärmeübergang in einem Rohrbündelwärmetauscher, wo die korrekte Auslegung der Strömungsführung entscheidend für die Effizienz ist. Die Prozessdynamik und -kontrolle stellt einen weiteren Kernaspekt dar [s236]. Moderne Anlagen sind mit ausgefeilter Sensorik und Regelungstechnik ausgestattet, die eine präzise Steuerung der Prozessparameter ermöglichen [s233]. Bei der Polymerisation von Kunststoffen beispielsweise müssen Temperatur, Druck und Verweilzeiten exakt eingehalten werden, um die gewünschten Produkteigenschaften zu erzielen. Ein zunehmend wichtiger Bereich ist die Prozess-Synthese, die sich mit der Entwicklung großtechnischer, kosteneffizienter Verfahren beschäftigt [s237]. Dabei werden verschiedene Trennverfahren wie <u>Flash-Destillation</u>, Absorption oder <u>Stripping</u> eingesetzt [s235]. Ein praktisches Beispiel ist die Aufarbeitung von Biogas, wo durch <u>Aminwäsche</u> CO_2 abgetrennt wird, um Biomethan in Erdgasqualität zu erhalten. Die Ausbildung von Verfahrensingenieuren ist entsprechend breit angelegt und umfasst neben den naturwissenschaftlichen Grundlagen auch praktische Laborerfahrungen in qualitativer und quantitativer Analyse [s232]. In modernen Laboreinrichtungen lernen Studierende den Umgang mit typischen Prozesseinheiten und deren Optimierung [s231]. Dabei kommen verstärkt computergestützte Methoden zum Einsatz, die eine effiziente Problemlösung ermöglichen [s233]. Ein wichtiger Trend ist die Integration von Nachhaltigkeitsaspekten in die

Verfahrensgestaltung. Bei der Entwicklung neuer Prozesse werden verstärkt Energieeffizienz und Ressourcenschonung berücksichtigt [s233]. Ein Beispiel ist die Prozessintegration durch Wärmerückgewinnung, wo die Abwärme eines Prozessschritts für andere Verfahrensschritte genutzt wird. Die moderne Verfahrenstechnik arbeitet zunehmend mit Systemansätzen und Multiskalenanalysen [s231]. Dabei werden Prozesse auf verschiedenen Größenskalen - vom Molekül bis zur Industrieanlage - betrachtet und optimiert. Dies ermöglicht beispielsweise bei der Entwicklung neuer Pharmaprozesse eine effizientere Scale-up-Strategie vom Labor- in den Produktionsmaßstab. Die Absolventen der Verfahrenstechnik sind durch ihre umfassende Ausbildung in der Lage, komplexe Ingenieurprobleme zu identifizieren und zu lösen [s231]. Sie berücksichtigen dabei nicht nur technische, sondern auch soziale und ethische Aspekte. Dies ist besonders wichtig bei der Planung neuer Produktionsanlagen, wo Umweltverträglichkeit und gesellschaftliche Akzeptanz eine zentrale Rolle spielen.

Glossar

Aminwäsche

Ein chemischer Reinigungsprozess, bei dem spezielle Aminlösungen verwendet werden, um unerwünschte Gasbestandteile durch Absorption zu entfernen

Flash-Destillation

Ein schnelles Trennverfahren, bei dem durch plötzliche Druckabsenkung oder Temperaturerhöhung eine teilweise Verdampfung des Ausgangsgemisches erfolgt

Scale-up

Die systematische Vergrößerung eines chemischen Prozesses vom Labormaßstab zur industriellen Produktion unter Berücksichtigung aller relevanten Parameter

Stripping

Ein thermisches Trennverfahren, bei dem flüchtige Komponenten aus einer Flüssigkeit durch einen Dampf- oder Gasstrom ausgetrieben werden

- Industrielle Synthesen basieren auf p-Pfaden (radikale, ionische, pericyclische Reaktionen) und d-Pfaden (katalytische Reaktionen mit Übergangsmetallkomplexen)

- Moderne Produktionsanlagen nutzen Online-Analytik, Robotik und maschinelle Lernalgorithmen zur Echtzeitoptimierung

- Die Elektrosynthese ermöglicht die Nutzung erneuerbarer Elektrizität für chemische Prozesse und trägt zur Dekarbonisierung bei

- Etwa 90% aller chemischen Produkte werden durch katalytische Prozesse hergestellt

- Während katalytischer Reaktionen können sich einzelne Metallatome von der Katalysatoroberfläche lösen und mobile Cluster als Reaktionszentren bilden

- Die Verdünnungslegierungskatalyse platziert isolierte Atome eines Minderheitsmetalls auf einem Wirtsmetall für selektive Reaktionen

- Computational Catalysis ermöglicht das virtuelle Testen tausender Katalysatorkombinationen vor der Laborsynthese

- Über 80% aller chemischen Prozesse sind auf Katalysatoren angewiesen

- Moderne Verfahrenstechnik nutzt Multiskalenanalysen vom Molekül bis zur Industrieanlage

- Die Aminwäsche wird zur CO_2-Abtrennung bei der Biogasaufbereitung eingesetzt

- Flash-Destillation und Stripping sind wichtige großtechnische Trennverfahren

- Prozessintegration durch Wärmerückgewinnung verbessert die Energieeffizienz verfahrenstechnischer Anlagen

4. 3. Labortechnik

ie moderne Labortechnik bildet das Fundament der experimentellen Chemie und ermöglicht präzise Analysen sowie reproduzierbare Synthesen. Doch wie gelingt es, komplexe chemische Reaktionen sicher durchzuführen? Welche Rolle spielen standardisierte Sicherheitsprotokolle? Und welche Synthesemethoden haben sich in der praktischen Laborarbeit besonders bewährt? Die Entwicklung der Labortechnik hat in den letzten Jahrzehnten enorme Fortschritte gemacht - von klassischen Glasgeräten bis hin zu hochspezialisierten Analyseinstrumenten. Dabei steht nicht nur die technische Präzision im Vordergrund, sondern auch der sichere und nachhaltige Umgang mit Chemikalien und Ressourcen. Die Integration moderner Technologien eröffnet dabei ständig neue Möglichkeiten für Forschung und Entwicklung. Von der korrekten Handhabung der Laborgeräte über essenzielle Sicherheitsmaßnahmen bis hin zu innovativen Synthesemethoden - dieses Kapitel vermittelt die praktischen Grundlagen für erfolgreiches Arbeiten im chemischen Labor.

„Glasgeräte mit Standardtaper-Schliffen ermöglichen eine schnelle und sichere Montage komplexer Laboraufbauten."

4. 3. 1. Laborgeräte und Apparaturen

n modernen Chemielaboren bilden präzise Laborgeräte und Apparaturen das Fundament für exakte wissenschaftliche Arbeit. Die Auswahl und korrekte Handhabung dieser Instrumente ist entscheidend für verlässliche Forschungsergebnisse [s238]. Glasgeräte stellen eine zentrale Kategorie der Laborausrüstung dar. Sie werden in zwei Hauptgruppen unterteilt: Geräte mit und ohne Glasverbindungen. Besonders praktisch sind Apparaturen mit <u>Standardtaper-Schliffen</u>, die eine schnelle und sichere Montage komplexer Aufbauten ermöglichen [s238]. Bei der Verwendung von Glasverbindungen ist besondere Sorgfalt geboten - so sollten bei Arbeiten mit starken Alkalien die Verbindungen mit einer kohlenwasserstoffbasierten Paste gefettet werden, um ein Festsetzen zu verhindern [s239]. Für präzise Messungen und Analysen steht eine breite Palette an Messgeräten zur Verfügung. pH-Meter ermöglichen die exakte Bestimmung des Säure-Base-Gleichgewichts, während Präzisionswaagen für genaue Einwaagen unerlässlich sind [s240]. Bei der Arbeit mit Präzisionswaagen ist auf erschütterungsfreie Aufstellung und regelmäßige Kalibrierung zu achten.

Heiz- und Kühlsysteme spielen eine wichtige Rolle bei vielen chemischen Prozessen. Klassische Heizmethoden umfassen Brenner, Heizbäder und elektrische Heizplatten. Heizbäder können je nach Temperaturanforderung mit Wasser (bis 100°C) oder Öl (höhere Temperaturen) betrieben werden [s238]. Für Kühlprozesse stehen verschiedene Optionen zur Verfügung - von einfachen Eisbädern bis hin zu Kryosystemen mit flüssigem

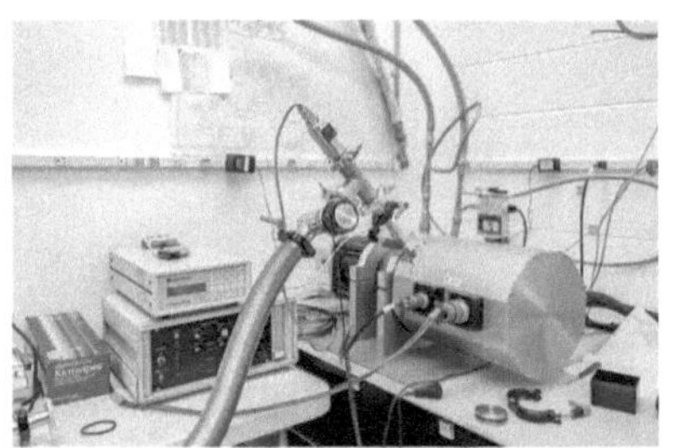

Kryosysteme [i35]

Stickstoff. Rührsysteme sind für homogene Durchmischung und gleichmäßige Temperaturverteilung essentiell. Magnetrührer eignen sich besonders für geschlossene Systeme und weniger viskose Flüssigkeiten. Für zähflüssige oder heterogene Mischungen kommen mechanische Rührer zum Einsatz [s238]. Bei der Verwendung von Magnetrührern sollte die Rührgeschwindigkeit langsam gesteigert werden, um Spritzer zu vermeiden.

Moderne Analysegeräte wie PCR-Maschinen und Elektrophorese-Apparaturen ermöglichen komplexe molekularbiologische Untersuchungen [s240]. Die Agarose-Gelelektrophorese beispielsweise wird zur Trennung und Analyse von DNA-Fragmenten eingesetzt. Dabei ist auf sterile Arbeitsbedingungen und exakte Pufferkonzentrationen zu achten.

Agarose-Gelelektrophorese [i36]

Für präzise Volumenabmessungen stehen verschiedene Pipettiersysteme zur Verfügung. Mikropipetten ermöglichen die exakte Dosierung kleinster Volumina, während volumetrische Glaswaren für größere Mengen verwendet werden [s240]. Bei der Pipettierung ist auf die richtige Handhabung zu achten - die Pipette sollte stets senkrecht gehalten und langsam betätigt werden. Die Laborsicherheit spielt bei allen Arbeiten eine zentrale Rolle. Nach dem RAMP-Konzept müssen Gefahren erkannt, Risiken bewertet und minimiert sowie Notfallvorbereitungen getroffen werden [s241]. Dazu gehört auch die

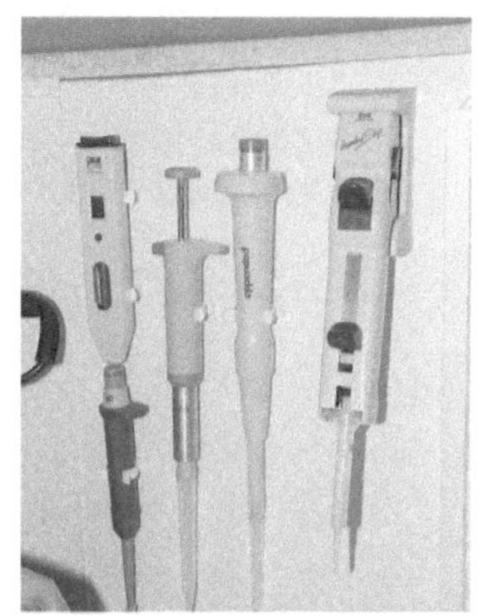

Mikropipetten [i37]

korrekte Nutzung von Sicherheitseinrichtungen wie Abzügen und Augenduschen. Zur Reinigung und Sterilisation stehen verschiedene Methoden zur Verfügung. Autoklaven ermöglichen die Dampfsterilisation von Laborgeräten, während spezielle Reinigungsprozeduren für empfindliche Glaswaren entwickelt wurden [s240]. Nach der Reinigung sollten Glasgeräte gründlich mit destilliertem Wasser gespült und getrocknet werden. Zentrifugen, sowohl Standard- als auch Hochgeschwindigkeitsmodelle, ermöglichen die Trennung von Stoffgemischen basierend auf unterschiedlichen Dichten [s240]. Bei der Zentrifugation ist auf ausgewogene Beladung und korrekte Geschwindigkeitseinstellung zu achten.

Glossar

Agarose-Gelelektrophorese

Eine Labormethode, bei der elektrische Spannung genutzt wird, um DNA-Fragmente in einem Agarosegel nach ihrer Größe aufzutrennen

Autoklav

Ein Druckbehälter zur Sterilisation von Laborgeräten mittels heißem Wasserdampf bei Temperaturen über 120°C und erhöhtem Druck

PCR

Abkürzung für Polymerase-Kettenreaktion - eine Methode zur millionenfachen Vervielfältigung spezifischer DNA-Sequenzen

Standardtaper-Schliff

Genormte konische Glasverbindungen mit einem definierten Steigungswinkel von 1:10, die ein luftdichtes Verbinden von Laborgeräten ermöglichen

4. 3. 2. Sicherheit im Labor

ie Sicherheit im Labor basiert auf einem umfassenden Konzept aus Prävention, Schulung und konkreten Schutzmaßnahmen. Ein strukturierter <u>Chemikalienhygieneplan</u> (CHP) bildet dabei das Fundament für sicheres Arbeiten [s242]. Dieser Plan muss von allen Labornutzern verstanden und eingehalten werden, bevor sie ihre Arbeit aufnehmen. Grundvoraussetzung für die Laborarbeit ist eine fundierte Sicherheitsschulung. Diese umfasst etwa 3,5 Stunden und behandelt essenzielle Themen wie den Umgang mit persönlicher Schutzausrüstung (PSA), Entsorgung gefährlicher Abfälle und technische Sicherheitsvorkehrungen [s243]. Besonders wichtig: Die Schulung muss durch laborspezifische Unterweisungen ergänzt werden, die der jeweilige Laborleiter durchführt [s244]. Im praktischen Laboralltag gilt: Keine Experimente ohne Aufsicht durchführen und stets geeignete Schutzkleidung tragen [s245]. Dies bedeutet konkret: geschlossene Schuhe, lange Hosen und Laborkittel sowie Schutzbrille. Bei der Arbeit mit ätzenden Substanzen sind zusätzlich geeignete Schutzhandschuhe erforderlich.

Ein zentrales Element der Laborsicherheit ist das <u>RAMP</u>-Konzept [s246]:
- Recognition (Erkennen von Gefahren)
- Assessment (Bewertung der Risiken)
- Minimization (Minimierung der Risiken)
- Preparation (Vorbereitung auf Notfälle)

Für den sicheren Umgang mit Chemikalien sind <u>Sicherheitsdatenblätter</u> (SDS) unerlässlich [s247]. Diese enthalten detaillierte Informationen zu Lagerung, Handhabung und Notfallmaßnahmen. Bei der Lagerung von Chemikalien muss besonders auf die Trennung inkompatibler Substanzen geachtet werden [s246]. Im Falle von Unfällen gilt: Ruhe bewahren und sofort den Laborleiter informieren [s245]. Bei Chemikalienspritzern auf der Haut sofort mit reichlich Wasser spülen. Augenduschen und Notduschen müssen jederzeit zugänglich sein. Verschüttete Chemikalien werden nach spezifischen Protokollen beseitigt - unkontrollierte Verschüttungen müssen umgehend gemeldet werden [s242]. Die Abfallentsorgung erfolgt streng nach Vorschrift. Verschiedene Abfallarten werden getrennt gesammelt und entsprechend gekennzeichnet [s248]. Glasbruch gehört in spezielle Behälter, keinesfalls in den normalen Abfall [s245]. Besondere Vorsicht gilt beim

Umgang mit biologischen Materialien. Hier sind zusätzliche Sicherheitsmaßnahmen wie spezielle Schulungen für biologische Sicherheit und den Umgang mit <u>biohazardösem</u> Material erforderlich [s248]. Ein oft unterschätzter Aspekt ist das strikte Verbot von Essen und Trinken im Labor [s245]. Lebensmittel können unbemerkt mit giftigen Substanzen kontaminiert werden. Auch das Pipettieren mit dem Mund ist absolut tabu. Die Dokumentation aller Sicherheitsmaßnahmen ist essentiell. Schulungsnachweise, Unfallberichte und Gefahrenbewertungen müssen sorgfältig geführt werden [s242]. Dies dient nicht nur der rechtlichen Absicherung, sondern auch der kontinuierlichen Verbesserung der Sicherheitsmaßnahmen. Regelmäßige Auffrischungsschulungen, insbesondere zum Umgang mit gefährlichen Chemikalien, sind alle zwei Jahre vorgeschrieben [s244]. Diese Schulungen gewährleisten, dass das Sicherheitswissen aktuell bleibt und neue Entwicklungen berücksichtigt werden.

Glossar

biohazardös

Bezeichnet biologische Stoffe oder Materialien, die eine potenzielle Gefahr für die Gesundheit von Menschen, Tieren oder die Umwelt darstellen können, wie etwa Krankheitserreger oder toxische biologische Substanzen.

Chemikalienhygieneplan

Ein detailliertes Dokument, das alle Aspekte zum sicheren Umgang mit Chemikalien regelt, einschließlich Notfallpläne, Lagerungsvorschriften und Arbeitsanweisungen.

RAMP

Ein systematischer Ansatz im Sicherheitsmanagement, der international anerkannt ist und ursprünglich aus der amerikanischen Laborpraxis stammt.

Sicherheitsdatenblatt

Standardisierte technische Dokumente, die von Herstellern erstellt werden und alle sicherheitsrelevanten physikalischen, toxikologischen und ökologischen Daten einer Substanz enthalten.

4. 3. 3. Synthesemethoden

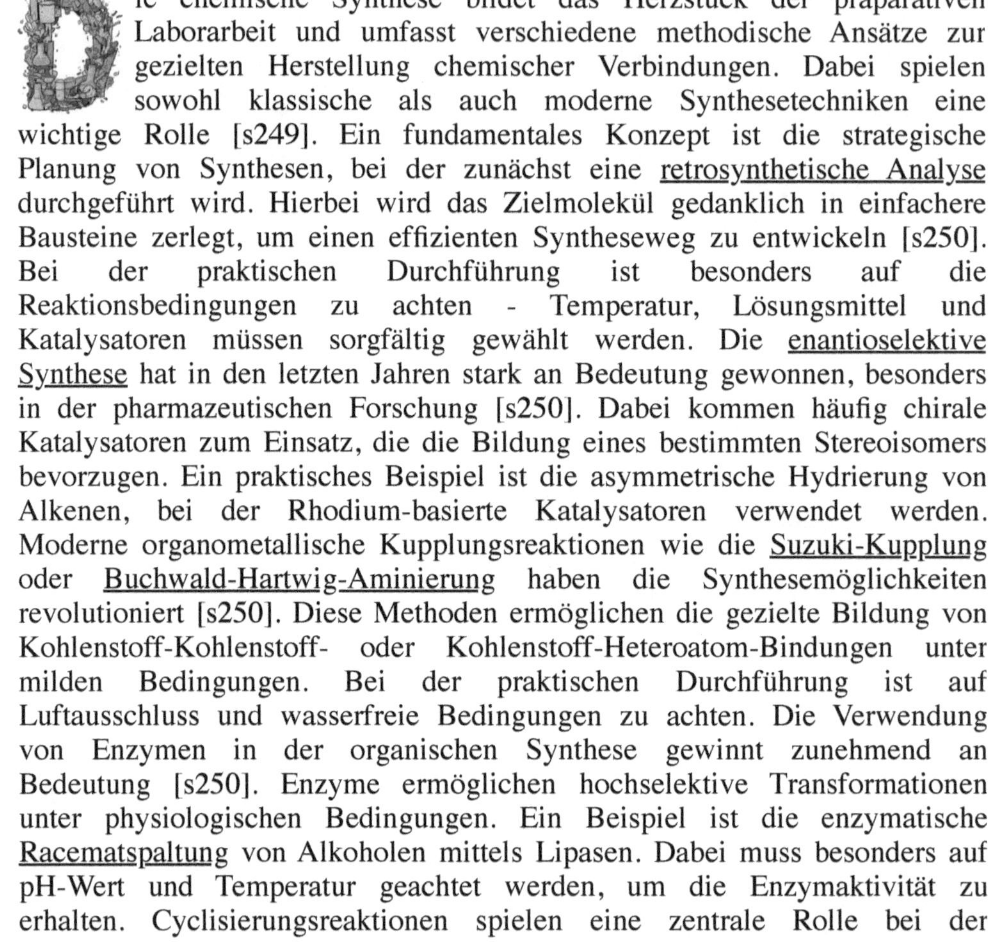

ie chemische Synthese bildet das Herzstück der präparativen Laborarbeit und umfasst verschiedene methodische Ansätze zur gezielten Herstellung chemischer Verbindungen. Dabei spielen sowohl klassische als auch moderne Synthesetechniken eine wichtige Rolle [s249]. Ein fundamentales Konzept ist die strategische Planung von Synthesen, bei der zunächst eine retrosynthetische Analyse durchgeführt wird. Hierbei wird das Zielmolekül gedanklich in einfachere Bausteine zerlegt, um einen effizienten Syntheseweg zu entwickeln [s250]. Bei der praktischen Durchführung ist besonders auf die Reaktionsbedingungen zu achten - Temperatur, Lösungsmittel und Katalysatoren müssen sorgfältig gewählt werden. Die enantioselektive Synthese hat in den letzten Jahren stark an Bedeutung gewonnen, besonders in der pharmazeutischen Forschung [s250]. Dabei kommen häufig chirale Katalysatoren zum Einsatz, die die Bildung eines bestimmten Stereoisomers bevorzugen. Ein praktisches Beispiel ist die asymmetrische Hydrierung von Alkenen, bei der Rhodium-basierte Katalysatoren verwendet werden. Moderne organometallische Kupplungsreaktionen wie die Suzuki-Kupplung oder Buchwald-Hartwig-Aminierung haben die Synthesemöglichkeiten revolutioniert [s250]. Diese Methoden ermöglichen die gezielte Bildung von Kohlenstoff-Kohlenstoff- oder Kohlenstoff-Heteroatom-Bindungen unter milden Bedingungen. Bei der praktischen Durchführung ist auf Luftausschluss und wasserfreie Bedingungen zu achten. Die Verwendung von Enzymen in der organischen Synthese gewinnt zunehmend an Bedeutung [s250]. Enzyme ermöglichen hochselektive Transformationen unter physiologischen Bedingungen. Ein Beispiel ist die enzymatische Racematspaltung von Alkoholen mittels Lipasen. Dabei muss besonders auf pH-Wert und Temperatur geachtet werden, um die Enzymaktivität zu erhalten. Cyclisierungsreaktionen spielen eine zentrale Rolle bei der Synthese komplexer Moleküle [s250]. Radikalische Cyclisierungen ermöglichen dabei oft milde Reaktionsbedingungen und hohe Selektivitäten. Bei der Durchführung ist auf die kontrollierte Zugabe von Radikalstartern und geeignete Verdünnung zu achten, um unerwünschte Nebenreaktionen zu minimieren. Die elektrochemische Synthese bietet umweltfreundliche Alternativen zu klassischen Oxidations- und Reduktionsmethoden [s251]. Dabei werden elektrochemische Potentiale anstelle von chemischen Oxidations- oder Reduktionsmitteln eingesetzt. Die Reaktionsführung erfordert spezielle Elektroden und eine sorgfältige Kontrolle der Stromstärke. Cycloadditionen wie die Diels-Alder-Reaktion ermöglichen den stereoselektiven Aufbau cyclischer Systeme [s250]. Die Reaktionsbedingungen müssen dabei oft optimiert werden - Temperatur, Lösungsmittel und Lewis-Säure-Katalysatoren beeinflussen Ausbeute und Selektivität erheblich. In der modernen Synthesechemie gewinnen auch "grüne" Methoden an Bedeutung [s251]. Diese zielen auf Ressourcenschonung und Minimierung von Abfällen ab. Ein Beispiel ist die Verwendung von Biomasse als nachhaltiger Rohstoff. Dabei müssen oft neue Reaktionswege entwickelt werden, die unter milden Bedingungen ablaufen. Die praktische Ausbildung in Synthesemethoden umfasst auch die Charakterisierung und Reinigung der Produkte [s252]. Moderne spektroskopische Methoden wie NMR und Massenspektrometrie sind dabei unerlässlich. Bei der Aufarbeitung von Reaktionsgemischen ist auf geeignete Extraktions- und Kristallisationsmethoden zu achten. Die Integration verschiedener Synthesetechniken ermöglicht die Herstellung komplexer Moleküle für biologische und medizinische Anwendungen [s252]. Ein Beispiel ist die Entwicklung von Polymer-Wirkstoff-Konjugaten für die gezielte Medikamentenfreisetzung. Dabei müssen sowohl organisch-synthetische als auch polymerchemische Methoden beherrscht werden.

Glossar

Buchwald-Hartwig-Aminierung
Eine Methode zur Herstellung von Kohlenstoff-Stickstoff-Bindungen mithilfe von Palladium-Katalysatoren

enantioselektive Synthese
Herstellungsmethode, die gezielt nur eines von zwei möglichen spiegelbildlichen Molekülen erzeugt

Racematspaltung
Trennung eines Gemisches aus zwei spiegelbildlichen Molekülen in seine einzelnen Bestandteile

retrosynthetische Analyse
Eine Planungsmethode in der Chemie, bei der man vom gewünschten Endprodukt rückwärts denkt und es in immer einfachere, käufliche Ausgangsstoffe zerlegt

Suzuki-Kupplung
Eine chemische Reaktion zur Verknüpfung von Kohlenstoffatomen unter Verwendung von Borverbindungen und Palladium als Katalysator

Zusammenfassung - 4. 3. Labortechnik

- Standardtaper-Schliffe ermöglichen die schnelle Montage komplexer Laboraufbauten und müssen bei Arbeiten mit Alkalien mit kohlenwasserstoffbasierter Paste gefettet werden

- Heizöl-Bäder erreichen höhere Temperaturen als Wasserbäder (>100°C)

- Magnetrührer eignen sich besonders für geschlossene Systeme und dünnflüssige Medien, während mechanische Rührer für viskose Mischungen verwendet werden

- Die Agarose-Gelelektrophorese trennt DNA-Fragmente unter sterilen Bedingungen mit exakten Pufferkonzentrationen

- Das RAMP-Konzept strukturiert die Laborsicherheit in Recognition, Assessment, Minimization und Preparation

- Der Chemikalienhygieneplan (CHP) ist verpflichtend und muss vor Arbeitsaufnahme verstanden werden

- Sicherheitsschulungen umfassen 3,5 Stunden Grundausbildung plus laborspezifische Unterweisungen

- Die retrosynthetische Analyse zerlegt Zielmoleküle gedanklich in einfachere Bausteine für effiziente Syntheseplanung

- Enantioselektive Synthesen nutzen chirale Katalysatoren wie bei der asymmetrischen Hydrierung mit Rhodium-Katalysatoren

- Enzymatische Racematspaltung von Alkoholen erfolgt mittels Lipasen unter kontrollierten pH- und Temperaturbedingungen

- Elektrochemische Synthesen ersetzen klassische Oxidations-/Reduktionsmittel durch elektrochemische Potentiale

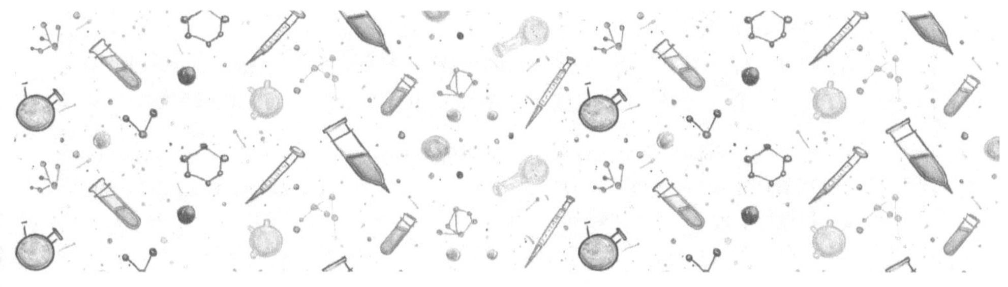

Rückblick - 4. Analytische und Technische Chemie

- Spektroskopische Verfahren basieren auf der Wechselwirkung zwischen elektromagnetischer Strahlung und Materie, wobei verschiedene Arten unterschiedliche Aspekte eines Moleküls beleuchten.

- Die Kernspinresonanzspektroskopie ermöglicht die genaue Positionsbestimmung von Atomen in Molekülen und wird routinemäßig in der Pharmaforschung eingesetzt.

- Die Raman-Spektroskopie ermöglicht die zerstörungsfreie Analyse von Beweismitteln wie Fasern oder Farbpartikeln in der Forensik.

- Die Fluoreszenzspektroskopie ist so empfindlich, dass selbst einzelne Moleküle nachgewiesen werden können.

- Die Chromatographie basiert auf der unterschiedlichen Verteilung von Substanzen zwischen stationärer und mobiler Phase.

- Die Affinity-Monolith-Chromatographie nutzt biologische Wechselwirkungen für hochselektive Trennungen mit monolithischen Trägern.

- Die Potentiometrie misst das elektrische Potential zwischen zwei Elektroden und wird häufig zur Qualitätskontrolle in der Lebensmittelindustrie eingesetzt.

- Die Coulometrie zeichnet sich durch hohe Genauigkeit aus, da sie auf der vollständigen Umsetzung des Analyten basiert.

- Die Cyclovoltammetrie ermöglicht die detaillierte Untersuchung von Reaktionsmechanismen durch charakteristische Strom-Spannungs-Kurven.

- Industrielle Synthesen vereinen chemische und ingenieurtechnische Prinzipien zur Entwicklung großtechnischer Produktionsprozesse.

- Die Integration von Online-Analytik, Robotik und maschinellem Lernen ermöglicht die Echtzeitoptimierung von Prozessen.

- Die elektrochemische Hydrodimerisierung bietet gegenüber thermochemischen Verfahren reduzierte Toxizität und bessere Energieeffizienz.

- Katalysatoren ermöglichen etwa 90% aller chemischen Produkte im Alltag durch Herabsetzen der Aktivierungsenergie.

- Die Computational Catalysis revolutioniert die Entwicklung neuer Katalysatoren durch virtuelles Testen tausender Kombinationen.

- Die Verdünnungslegierungskatalyse platziert isolierte Atome eines Minderheitsmetalls auf einem Wirtsmetall.

- Standardtaper-Schliffe ermöglichen die schnelle und sichere Montage komplexer Laboraufbauten.

- Die Agarose-Gelelektrophorese wird zur Trennung und Analyse von DNA-Fragmenten eingesetzt.

- Der Chemikalienhygieneplan bildet das Fundament für sicheres Arbeiten im Labor.

- Die enantioselektive Synthese nutzt chirale Katalysatoren zur bevorzugten Bildung bestimmter Stereoisomere.

- Die Suzuki-Kupplung ermöglicht gezielte C-C-Bindungsknüpfungen unter milden Bedingungen.

Kostenlose Zusatzangebote in Planung

Wir freuen uns, Ihnen künftig ergänzende kostenlose Materialien zu diesem Buch anbieten zu können:

- Ein exklusives Bonuskapitel mit zusätzlichen Inhalten
- Eine kompakte Zusammenfassung des gesamten Buches im PDF-Format

Die Veröffentlichung dieser Materialien ist für Januar 2025 geplant.
Besuchen Sie gerne schon heute unsere Website. Sobald unser Newsletter-Service startet (voraussichtlich Januar 2025), können Sie sich dort für Updates registrieren und verpassen keine Neuigkeiten zu den kostenlosen Zusatzangeboten.

SaageBooks.com/de/chemie_fuer_schule_und_studium-bonus-9YAKXE

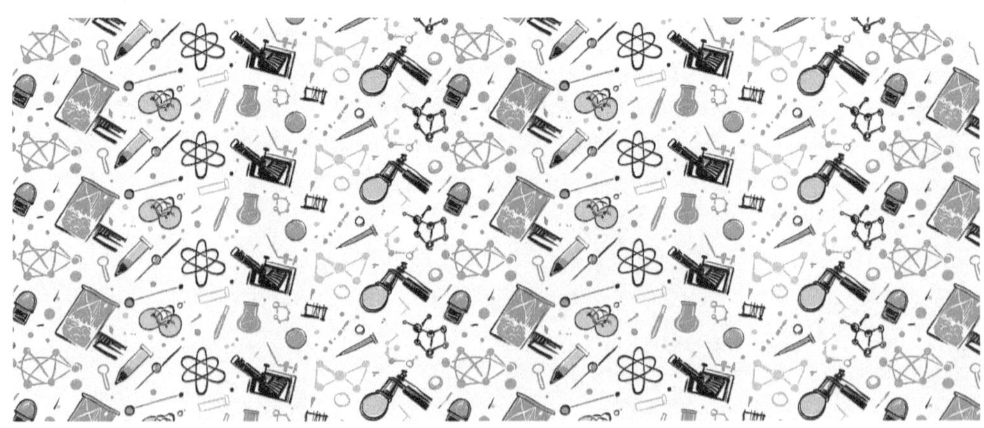

Liebe Leserinnen, liebe Leser,

Ich fühle mich sehr geehrt, dass Sie sich die Zeit genommen haben, mein Buch von Anfang bis Ende zu lesen. Als Autor ist es mein größter Wunsch, Ihnen wertvolle Erkenntnisse und praktische Hilfestellungen mit auf den Weg zu geben. Ihr Vertrauen in meine Arbeit bedeutet mir sehr viel. Ich hoffe, die Lektüre war für Sie bereichernd. Sollten Sie Fragen oder Anregungen haben, können Sie mich gerne über unsere Website kontaktieren.

Wenn Ihnen dieses Buch gefallen hat, würde ich mich sehr über eine ehrliche Rezension freuen. Ihre Meinung ist mir wichtig und hilft anderen Lesern bei ihrer Entscheidung. Sie können Ihre ehrliche Bewertung ganz einfach auf der Verkaufsplattform hinterlassen, über die Sie das Buch erworben haben.
Vielen Dank für Ihre Unterstützung!

Artemis Saage

Saage Media GmbH

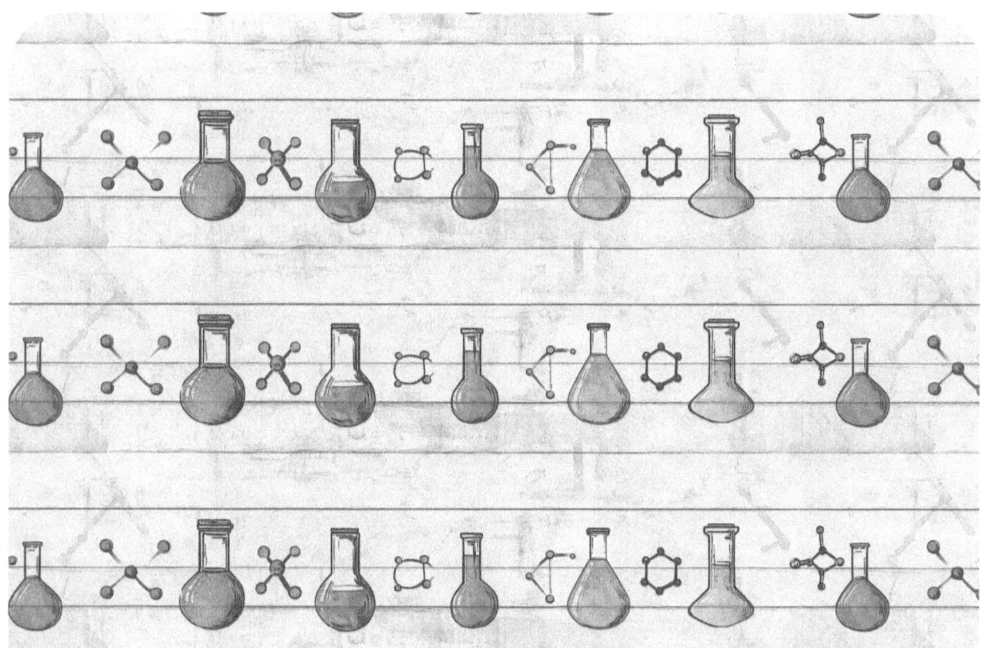

SaageBooks.com/de

Entdecken Sie mehr! Auf unserer Verlagswebsite erwartet Sie eine vielfältige Auswahl an weiteren Büchern und spannenden Publikationen. Neben kostenlosen Inhalten und exklusiven Bonusmaterialien finden Sie dort auch vertiefende Informationen zu unseren Werken. Stöbern Sie durch unser umfangreiches digitales Angebot und lassen Sie sich von zusätzlichen Leseerlebnissen inspirieren. Als besonderen Service bieten wir Ihnen sowohl kostenfreie als auch kostenpflichtige Inhalte an, die Ihr Leseerlebnis perfekt ergänzen.

SaageBooks.com/de

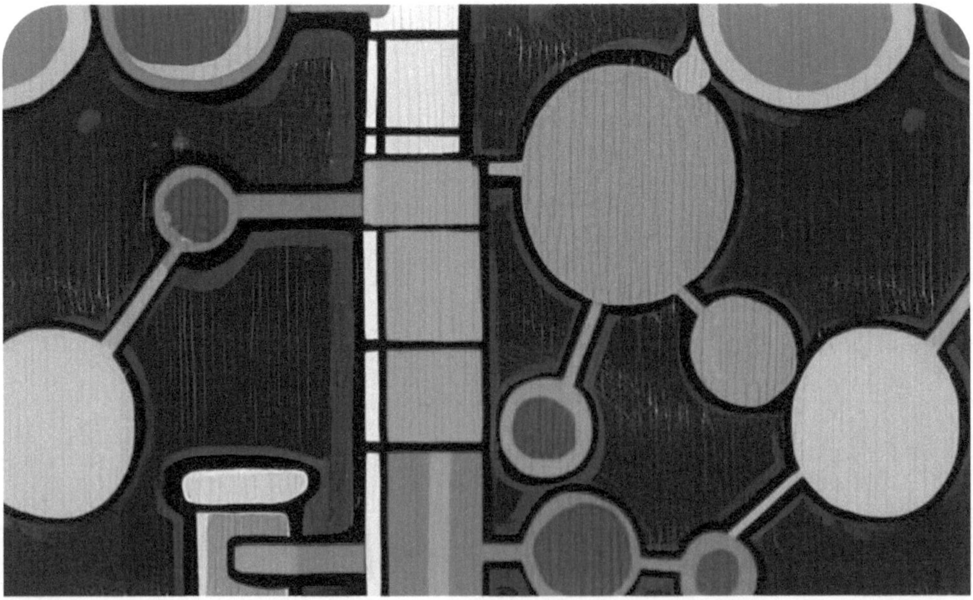

Quellen

Mein aufrichtiger Dank gilt allen Autorinnen und Autoren der zitierten wissenschaftlichen und nicht-wissenschaftlichen Quellen, den Betreibern der referenzierten Internetseiten sowie den Urheberinnen und Urhebern der verwendeten Bilder, Grafiken und Studien, deren wertvolle Arbeiten wesentlich zur Entstehung dieses Buches beigetragen haben.
Für weitere Informationen empfehle ich Ihnen, die verlinkten Quellen-Websites zu besuchen.

Alle Quellen wurden zuletzt aufgerufen am: 2025-01-01

[s1] - https://www.thoughtco.com/alchemy-in-the-middle-ages-1788253
Autor: Melissa Snell — Titel: Alchemy in the Middle Ages
von: ThoughtCo — Erscheinungsdatum: June 25, 2024
Webseite: ThoughtCo

[s2] - https://libguides.southtexascollege.edu/c.php?g=1040403&p=7562646
Titel: CHEM 1411 General Course Guide - Lab — von: South Texas College
Webseite: South Texas College Library Research Guides

[s3] - https://www.britannica.com/science/atom/Development-of-atomic-theory
Titel: Development of atomic theory — von: Encyclopaedia Britannica, Inc.
Webseite: Britannica

[s4] - https://www.sciencehistory.org/stories/magazine/al-kimiya-notes-on-arabic-alchemy/
Autor: Gabriele Ferrario — Titel: Al-Kimiya: Notes on Arabic Alchemy
von: Science History Institute — Erscheinungsdatum: October 16, 2007
Webseite: sciencehistory.org

[s5] - https://thonyc.wordpress.com/category/history-of-chemistry/
Autor: Philip Ball — Titel: It's elementary dear readers
Erscheinungsdatum: April 5, 2023 — Webseite: Renaissance Mathematicus

[s6] - https://www.nature.com/articles/s41599-022-01290-6
Autor: Bin Han, Bei Zhang, Jianrong Chong, Zhanwei Sun, Yimin Yang — Titel: Beauty and chemistry: the independent origins of synthetic lead white in east and west Eurasia
von: Nature Publishing Group — Erscheinungsdatum: 2022-09-03
Webseite: Nature — Publisher: Nature Publishing Group

[s7] - https://www.breakingatom.com/learn-the-periodic-table/alchemy-and-modern-chemistry
Autor: Nathan M — Titel: Alchemy and Modern Chemistry
von: Breaking Atom — Erscheinungsdatum: Jun 19, 2021
Webseite: Breaking Atom

[s8] - https://iep.utm.edu/robert-boyle/
Autor: Robert Boyle — Titel: Robert Boyle (16271691)
von: Internet Encyclopedia of Philosophy — Webseite: Internet Encyclopedia of Philosophy

[s9] - https://www.sciencehistory.org/stories/magazine/the-secrets-of-alchemy/
Autor: Lawrence M. Principe — Titel: The Secrets of Alchemy
von: Science History Institute — Erscheinungsdatum: January 30, 2013
Webseite: sciencehistory.org

[s10] - https://www.euchems.eu/wp-content/uploads/2015/08/35-Mc-Evoy_.pdf
Autor: John McEvoy — Titel: Disciplinary Identity And The Chemical Revolution
Webseite: European Chemical Society

[s11] - https://www.sciencehistory.org/education/scientific-biographies/antoine-laurent-lavoisier/
Autor: Science History Institute — Titel: Antoine-Laurent Lavoisier
Webseite: Science History Institute

[s12] - https://www.britannica.com/biography/Antoine-Lavoisier/Oxygen-theory-of-combustion
Autor: Arthur L. Donovan — Titel: Oxygen theory of combustion
von: Encyclopaedia Britannica — Erscheinungsdatum: Nov 29, 2024
Webseite: Britannica — Publisher: Encyclopaedia Britannica

[s13] - https://chemistry.as.miami.edu/_assets/pdf/murthy-group/chemical-revolution-lavoisier-davy-faraday-5-lectures.pdf
Titel: Chemical Revolution: Lavoisier, Davy, Faraday - 5 Lectures — von: University of Miami
Erscheinungsdatum: 10720 — Webseite: chemistry.as.miami.edu

[s14] - https://link.springer.com/chapter/10.1007/978-94-009-2997-5_15
Autor: John G. McEvoy — Titel: The Enlightenment and the Chemical Revolution
Erscheinungsdatum: 1988 — Webseite: Springer
Publisher: Springer, Dordrecht

[s15] - http://www.hyle.org/journal/issues/17-1/rev_mauskopf.pdf
Autor: Seymour Mauskopf — Titel: Book Review of John G. McEvoy: The Historiography of the Chemical Revolution
Erscheinungsdatum: 2011 — Webseite: HYLE International Journal for Philosophy of Chemistry
Publisher: HYLE

[s16] - https://www.acs.org/content/dam/acsorg/education/whatischemistry/landmarks/bakelite/bakelite-materials-landmark-lesson-plan.pdf
Autor: American Chemical Society   Titel: Landmark Lesson Plan: Man and Materials through History
Webseite: www.acs.org

[s17] - https://pubsapp.acs.org/subscribe/archive/mdd/v04/i05/html/05timeline.html
Autor: Stanley Scheindlin   Titel: A brief history of pharmacology
von: American Chemical Society   Erscheinungsdatum:May 2001
Webseite: ACS Publications

[s18]
https://www.acs.org/content/dam/acsorg/education/whatischemistry/landmarks/lesson-plans/periodic-table-and-transuranium-elements-lesson-plan/periodic-table-and-transuranium-elements-lesson-plan.pdf
Autor: Susan Cooper   Titel: The Periodic Table and Transuranium Elements
von: American Chemical Society   Webseite: American Chemical Society

[s19] - https://www.nano.gov/timeline
Titel: Nanotechnology Timeline   von: National Nanotechnology Initiative
Webseite: nano.gov   Publisher: National Nanotechnology Coordination Office

[s20] - https://www.pbs.org/wgbh/americanexperience/features/poisoners-handbook-Chemistry-and-Forensic-Science-in-America/
Titel: The Poisoners Handbook: Chemistry and Forensic Science in America   von: PBS
Webseite: PBS

[s21] - https://www.britannica.com/science/atom
Titel: Atom   von: Encyclopaedia Britannica, Inc.
Webseite: Britannica

[s22]
https://chem.libretexts.org/Courses/Saint_Francis_University/CHEM_113%3A_Human_Chemistry_I_(Muino)/02%3A_Atoms_and_the_Periodic_Table/2.01%3A_Atomic_Theory_and_the_Structure_of_Atoms
Titel: 2.1: Atomic Theory and the Structure of Atoms   von: LibreTexts
Erscheinungsdatum:2022-08-08   Webseite: LibreTexts

[s23] - https://web.ung.edu/media/chemistry/Chapter2/Chapter2-AtomsMoleculesAndIons.pdf
Titel: Chapter 2: Atoms, Molecules, and Ions   von: University of North Georgia
Webseite: University of North Georgia

[s24] - https://www.osti.gov/opennet/manhattan-project-history/Science/Atom/electron.html
Titel: Electron   von: Department of Energy
Webseite: Office of History and Heritage Resources

[s25] - https://www.tutorchase.com/answers/ib/chemistry/what-role-does-the-heisenberg-uncertainty-principle-play-in-atomic-theory
Autor: Oli   Titel: What role does the Heisenberg uncertainty principle play in atomic theory?
von: TutorChase   Erscheinungsdatum:2023-09-14
Webseite: TutorChase

[s26] - https://pressbooks.online.ucf.edu/chemistryfundamentals/chapter/hybrid-atomic-orbitals/
Titel: Hybrid Atomic Orbitals   von: University of Central Florida
Webseite: Chemistry Fundamentals

[s27] - http://home.miracosta.edu/dlr/qnum.htm
Titel: Quantum Numbers and Electronic Structure   von: MiraCosta College
Webseite: MiraCosta College

[s28]
https://chem.libretexts.org/Bookshelves/Physical_and_Theoretical_Chemistry_Textbook_Maps/Supplemental_Modules_(Physical_and_Theoretical_Chemistry)/Quantum_Mechanics/10%3A_Multi-electron_Atoms/Electron_Configuration
Titel: Electron Configuration   von: LibreTexts
Erscheinungsdatum:Mon, 30 Jan 2023 07:05:03 GMT   Webseite: Chem LibreTexts

[s29] - https://chemed.chem.purdue.edu/genchem/topicreview/bp/ch6/quantum.html
Titel: Quantum Numbers and Electron Configurations   von: Purdue University
Webseite: Purdue University Chemistry

[s30] - https://pressbooks.online.ucf.edu/chemistryfundamentals/chapter/electronic-structure-of-atoms-electron-configurations/
Titel: Electronic Structure of Atoms (Electron Configurations)   von: University of Central Florida
Webseite: UCF Pressbooks

[s31] - https://chemistry.coach/general-chemistry-1/quantum-theory-and-atomic-structure
Titel: Quantum Theory and Atomic Structure   von: Chemistry Coach
Webseite: chemistry.coach

[s32] - https://www.britannica.com/science/electronic-configuration
Autor: The Editors of Encyclopaedia Britannica   Titel: Electronic configuration
von: Encyclopaedia Britannica, Inc.   Erscheinungsdatum:Nov 15, 2024
Webseite: Britannica   Publisher: Encyclopaedia Britannica, Inc.

[s33] - https://www.chem.fsu.edu/chemlab/chm1045/e_config.html
Titel: Electron Configurations   von: Florida State University
Webseite: chem.fsu.edu

[s34] - https://openstax.org/books/chemistry-2e/pages/6-4-electronic-structure-of-atoms-electron-configurations
Titel: Chemistry 2e   von: OpenStax
Webseite: OpenStax

[s35] - https://www.britannica.com/science/periodic-table
Titel: Periodic Table   von: Encyclopaedia Britannica, Inc.
Webseite: Britannica

[s36] - https://pressbooks-dev.oer.hawaii.edu/chemistry/chapter/periodic-variations-in-element-properties/
Autor: OpenStax College   Titel: Periodic Variations in Element Properties
Erscheinungsdatum:2014   Webseite: Pressbooks

[s37]
https://chem.libretexts.org/Bookshelves/Inorganic_Chemistry/Supplemental_Modules_and_Websites_(Inorganic_Chemistry)/Descriptive_Chemistry/Periodic_Trends_of_Elemental_Properties/Periodic_Trends
Autor: Swetha Ramireddy, Bingyao Zheng, Emily Nguyen   Titel: Periodic Trends of Elemental Properties
von: LibreTexts   Erscheinungsdatum:2023-06-30
Webseite: LibreTexts

[s38] - https://www.tutorchase.com/answers/ib/chemistry/how-does-atomic-structure-influence-periodic-trends
Autor: Oli   Titel: How does atomic structure influence periodic trends?
von: TutorChase   Erscheinungsdatum:2023-09-14
Webseite: TutorChase

[s39] - https://openstax.org/books/chemistry-2e/pages/6-5-periodic-variations-in-element-properties
Autor: Paul Flowers, Klaus Theopold, Richard Langley, William R. Robinson, PhD   Titel: Periodic Variations in Element Properties
von: OpenStax   Erscheinungsdatum:Feb 14, 2019
Webseite: OpenStax   Publisher: OpenStax

[s40] - https://www.asbmb.org/asbmb-today/science/020721/a-brief-history-of-the-periodic-table
Autor: Deboleena M. Guharay Titel: A brief history of the periodic table
von: American Society for Biochemistry and Mo Erscheinungsdatum:2021-02-07
lecular Biology
Webseite: ASBMB Today

[s41] - https://kpu.pressbooks.pub/organicchemistry/chapter/1-1-chemical-bonding/
Autor: Xin Liu Titel: Organic Chemistry I
von: Pressbooks Erscheinungsdatum:2021
Webseite: KPU Pressbooks

[s42] - https://web.ung.edu/media/chemistry/Chapter7/Chapter7-ChemicalBonding-MolecularGeometry.pdf
Titel: Chapter 7: Chemical Bonding and Molecular von: University of North Georgia
Geometry
Webseite: University of North Georgia

[s43] - https://pressbooks.online.ucf.edu/chemistryfundamentals/chapter/electronegativity-and-polarity/
Autor: Dr. Julie Donnelly, Dr. Nicole Lapeyrouse, Dr. Titel: Electronegativity and Polarity
Matthew Rex
Webseite: Chemistry Fundamentals Publisher: Pressbooks

[s44] - https://wou.edu/chemistry/courses/online-chemistry-textbooks/ch105-consumer-chemistry/chapter-3-ionic-covelent-bonding/
Titel: CH105: Chapter 3 Ionic and Covalent Bonding von: Western Oregon University
Webseite: Western Oregon University

[s45] - https://catalog.upenn.edu/courses/chem/
Titel: Chemistry (CHEM) Courses von: University of Pennsylvania
Webseite: University of Pennsylvania Catalog

[s46] - https://catalog.tamu.edu/graduate/course-descriptions/chem/chem.pdf
Titel: CHEM - Chemistry Course Descriptions von: Texas AM University
Webseite: Texas AM University Catalog

[s47] - https://richmond.coursedog.com/departments/CHEM/courses
Titel: Chemistry Courses von: Richmond University
Webseite: Richmond CourseDog

[s48] - https://pubmed.ncbi.nlm.nih.gov/26854611/
Autor: Ingo Salzmann, Georg Heimel, Martin Oehzelt, Titel: Molecular Electrical Doping of Organic S
Stefanie Winkler, Norbert Koch emiconductors: Fundamental Mechanisms and
Emerging Dopant Design Rules
von: Humboldt-Universitt zu Berlin, Helmholtz- Erscheinungsdatum:2016-03-15
Zentrum Berlin fr Materialien und Energie
GmbH, Soochow University
Webseite: PubMed Publisher: American Chemical Society

[s49]
https://chem.libretexts.org/Bookshelves/Physical_and_Theoretical_Chemistry_Textbook_Maps/Supplemental_Modules_(Physical_and_Theoretical_Chemistry)/Kinetics/02%3A_Reaction_Rates/2.05%3A_Reaction_Rate
Autor: Florence-Damilola Odufalu, Pamela Chacha, Titel: 2.5: Reaction Rate
Galaxy Mudda, Andrew Iskandar
von: LibreTexts Erscheinungsdatum:Mon, 13 Feb 2023 06:11:58 GMT
Webseite: Chem LibreTexts

[s50] - https://www.britannica.com/science/reaction-rate
Autor: Keith J. Laidler Titel: Reaction rate
von: Encyclopaedia Britannica Webseite: Britannica
Publisher: Encyclopaedia Britannica

[s51] - https://www.britannica.com/science/Arrhenius-equation
Autor: The Editors of Encyclopaedia Britannica Titel: Arrhenius equation
von: Encyclopaedia Britannica Erscheinungsdatum:Nov 29, 2024
Webseite: Britannica Publisher: Encyclopaedia Britannica

[s52] - https://openstax.org/books/chemistry-2e/pages/12-1-chemical-reaction-rates
Autor: Paul Flowers, Klaus Theopold, Richard Langley, Titel: Chemical Reaction Rates
William R. Robinson, PhD
von: OpenStax Erscheinungsdatum:Feb 14, 2019
Webseite: OpenStax Publisher: OpenStax

[s53] - https://www.chm.uri.edu/weuler/chm112/oldchap13answers.html
Titel: Practice Problems: Chemical Kinetics: Rates and von: University of Rhode Island
Mechanisms of Chemical Reactions
Webseite: University of Rhode Island Chemistry Dep
artment

[s54] - https://www.britannica.com/science/chemical-equilibrium
Autor: The Editors of Encyclopaedia Britannica Titel: Chemical Equilibrium
von: Encyclopaedia Britannica, Inc. Webseite: Britannica
Publisher: Encyclopaedia Britannica, Inc.

[s55] - https://openstax.org/books/chemistry-2e/pages/13-1-chemical-equilibria
Titel: Chemical Equilibria von: OpenStax
Webseite: OpenStax

[s56] - https://www.st.nmfs.noaa.gov/Assets/Nemo/documents/lessons/Lesson_3/Lesson_3-Teacher's_Guide.pdf
Titel: Lesson 3: Ocean Acidification von: National Oceanic and Atmospheric Adminis
tration (NOAA)
Webseite: NOAA

[s57] - https://www.masterorganicchemistry.com/2010/09/13/chemical-equilibria/
Autor: James Ashenhurst Titel: Chemical Equilibria
von: Master Organic Chemistry Erscheinungsdatum:September 23rd, 2024
Webseite: Master Organic Chemistry

[s58]
https://chem.libretexts.org/Bookshelves/Physical_and_Theoretical_Chemistry_Textbook_Maps/Supplemental_Modules_(Physical_and_Theoretical_Chemistry)/Equilibria/Le_Chateliers_Principle/Le_Chatelier's_Principle_Fundamentals
Autor: Jim Clark Titel: Le Chateliers Principle Fundamentals
von: Chemistry LibreTexts Erscheinungsdatum:Mon, 30 Jan 2023 07:57:18 GMT
Webseite: Chem LibreTexts

[s59] - https://openstax.org/books/chemistry/pages/13-3-shifting-equilibria-le-chateliers-principle
Autor: Paul Flowers, William R. Robinson, PhD, Titel: Shifting Aequilibria: Le Chatelierus Principium
Richard Langley, Klaus Theopold
von: OpenStax Erscheinungsdatum:Mar 11, 2015
Webseite: OpenStax Publisher: OpenStax

[s60] - https://aplicaciones.uc3m.es/cpa/generaFicha?est=221&plan=446&asig=14186&idioma=2
Autor: POZUELO DE DIEGO, JAVIER Titel: Chemical basis of engineering
von: Universidad Carlos III de Madrid Erscheinungsdatum:20242025
Webseite: aplicaciones.uc3m.es

[s61] - https://openstax.org/books/chemistry-2e/pages/14-1-bronsted-lowry-acids-and-bases
Titel: Bronsted-Lowry Acids and Bases **von:** OpenStax
Webseite: OpenStax

[s62] - https://openstax.org/books/chemistry-2e/pages/4-2-classifying-chemical-reactions
Titel: Classifying Chemical Reactions **von:** OpenStax
Webseite: OpenStax

[s63]
https://chem.libretexts.org/Bookshelves/Physical_and_Theoretical_Chemistry_Textbook_Maps/Supplemental_Modules_(Physical_and_Theoretical_Chemistry)/Acids_and_Bases/Acid_Base_Reactions/Neutralization
Autor: Katherine Dunn, Carlynn Chappell **Titel:** Neutralization
von: LibreTexts **Erscheinungsdatum:** Mon, 30 Jan 2023 07:57:47 GMT
Webseite: Chem LibreTexts

[s64] - https://openstax.org/books/chemistry-2e/pages/14-7-acid-base-titrations
Autor: Paul Flowers, Klaus Theopold, Richard Langley, **Titel:** Chemistry 2e
William R. Robinson, PhD
von: OpenStax **Erscheinungsdatum:** Feb 14, 2019
Webseite: OpenStax **Publisher:** OpenStax

[s65] - https://ecatalog.macomb.edu/preview_course_nopop.php?catoid=88&coid=90290
Titel: College Catalog 2024-2025 **von:** Macomb Community College
Erscheinungsdatum: Dec 18, 2024 **Webseite:** Macomb Community College

[s66] - https://catalog.chemeketa.edu/preview_course_nopop.php?catoid=9&coid=17489
Titel: Catalog 2024-2025 **von:** Chemeketa Community College
Erscheinungsdatum: Dec 18, 2024 **Webseite:** Chemeketa Community College

[s67] - https://www.uspto.gov/web/patents/classification/cpc/html/cpc-C.html
Titel: Cooperative Patent Classification (CPC) **von:** United States Patent and Trademark Office
Webseite: USPTO

[s68]
https://chem.libretexts.org/Bookshelves/Inorganic_Chemistry/Supplemental_Modules_and_Websites_(Inorganic_Chemistry)/Chemical_Compounds/Nomenclature_of_Inorganic_Compounds
Autor: Pui Yan Ho, Alex Moskaluk, Emily Nguyen **Titel:** Nomenclature of Inorganic Compounds
von: LibreTexts **Erscheinungsdatum:** Fri, 30 Jun 2023 23:46:02 GMT
Webseite: LibreTexts

[s69] - https://www.britannica.com/science/inorganic-compound
Titel: Inorganic compound | Definition Examples **von:** Encyclopaedia Britannica, Inc.
Webseite: Britannica

[s70] - https://pressbooks.bccampus.ca/inorganicchemistrychem250/chapter/chemical-nomenclature-2/
Autor: Paul Flowers; Klaus Theopold; Richard Langley; **Titel:** Chemical Nomenclature
William R. Robinson
von: BCCampus **Erscheinungsdatum:** 2020
Webseite: Pressbooks

[s71]
https://chem.libretexts.org/Bookshelves/Inorganic_Chemistry/Supplemental_Modules_and_Websites_(Inorganic_Chemistry)/Descriptive_Chemistry/Main_Group_Reactions/Compounds/Oxides
Autor: Binod Shrestha **Titel:** Oxides
von: Chem LibreTexts **Erscheinungsdatum:** 2023-06-30
Webseite: Chem LibreTexts

[s72] - https://www.epa.gov/mercury/basic-information-about-mercury
Titel: Basic Information about Mercury **von:** Environmental Protection Agency (EPA)
Erscheinungsdatum: December 5, 2024 **Webseite:** EPA
Publisher: Environmental Protection Agency

[s73] - https://researchguides.mvc.edu/findingOERs/chem
Titel: Finding OERs by Discipline: Chemistry **von:** Moreno Valley College
Webseite: Research Guides

[s74] - https://pressbooks.bccampus.ca/inorganicchemistrychem250/chapter/structure-and-general-properties-of-the-nonmetals-2/
Autor: Paul Flowers; Klaus Theopold; Richard Langley; **Titel:** Structure and General Properties of the
William R. Robinson Nonmetals
von: BCCampus **Erscheinungsdatum:** 2020
Webseite: Pressbooks

[s75]
https://chem.libretexts.org/Bookshelves/Inorganic_Chemistry/Supplemental_Modules_and_Websites_(Inorganic_Chemistry)/Chemical_Compounds/Nomenclature_of_Inorganic_Compounds
Autor: Pui Yan Ho, Alex Moskaluk, Emily Nguyen **Titel:** Nomenclature of Inorganic Compounds
von: LibreTexts **Erscheinungsdatum:** Fri, 30 Jun 2023 23:46:02 GMT
Webseite: Chem LibreTexts

[s76] - http://faculty.fairfield.edu/jmiecznikowski/courses.html
Titel: Courses Offered **von:** Fairfield University
Webseite: Fairfield University Faculty

[s77]
https://chem.libretexts.org/Bookshelves/Inorganic_Chemistry/Supplemental_Modules_and_Websites_(Inorganic_Chemistry)/Coordination_Chemistry/Structure_and_Nomenclature_of_Coordination_Compounds/Introduction_to_Coordination_Chemistry
Titel: Introduction to Coordination Chemistry **von:** LibreTexts
Erscheinungsdatum: 2023-06-30 **Webseite:** Chem LibreTexts

[s78] - https://www.chem.purdue.edu/gchelp/cchem/whatis.html
Titel: What Is A Coordination Compound? **von:** Purdue University
Webseite: Purdue University Chemistry

[s79] - https://www2.chemistry.msu.edu/courses/cem151/chap24lect_2019.pdf
Titel: Chapter 23: Chemistry of Coordination Co **von:** Michigan State University
mpounds
Webseite: chemistry.msu.edu

[s80] - https://www.britannica.com/science/coordination-compound
Autor: George B. Kauffman, Jack Halpern **Titel:** Coordination compound | Definition, Examples, Facts
von: Encyclopaedia Britannica **Webseite:** Britannica
Publisher: Encyclopaedia Britannica

[s81] - https://chemrxiv.org/engage/chemrxiv/article-details/65b93acce9ebbb4db94d7c1d
Autor: Emily Mikeska, Richard Wilson, Asmita Sen, **Titel:** Preparation of Neptunyl and Plutonyl Acetates to
Jochen Autschbach, James Blakemore Access Non-Aqueous Transuranium Coordination Chemistry
von: Cambridge Open Engage **Erscheinungsdatum:** 31 January 2024
Webseite: ChemRxiv

[s82] - https://www.ncl.ac.uk/mobility/newcastle/study-abroad/NES3407
Autor: Professor Andrew Houlton, Dr Keith Izod, Dr **Titel:** NES3407 : Advanced Inorganic Chemistry (
Simon Doherty, Dr James Dawson Distance Learning)
von: Newcastle University **Webseite:** Newcastle University

[s83]
https://chem.libretexts.org/Bookshelves/Inorganic_Chemistry/Chemistry_of_the_Main_Group_Elements_(Barron)/01%3A_General_Concepts_and_Trends/1.06%3A_Structure_and_Bonding_-_Crystal_Structure
Autor: A. Barron
von: LibreTexts
Webseite: LibreTexts
Titel: 1.6: Structure and Bonding - Crystal Structure
Erscheinungsdatum: 2023-05-03

[s84]
https://chem.libretexts.org/Courses/East_Tennessee_State_University/CHEM_3110%3A_Descriptive_Inorganic_Chemistry/05%3A_Structure_and_Energetics_of_Solids/5.01%3A_Crystal_Structures_and_Unit_Cells
Autor: Joshua Halpern
von: East Tennessee State University
Webseite: LibreTexts
Titel: 5.1: Crystal Structures and Unit Cells
Erscheinungsdatum: Mon, 23 Aug 2021 03:07:07 GMT

[s85] - https://web.ung.edu/media/chemistry/Chapter7/Chapter7-ChemicalBonding-MolecularGeometry.pdf
Titel: Chapter 7: Chemical Bonding and Molecular Geometry
von: University of North Georgia
Webseite: University of North Georgia

[s86] - https://jp-minerals.org/vesta/en/
Titel: VESTA
von: JP-Minerals
Webseite: jp-minerals.org

[s87] - https://www.britannica.com/science/thermodynamics
Autor: Gordon W.F. Drake
von: Encyclopaedia Britannica
Webseite: Britannica
Titel: Thermodynamics | Laws, Definition, Equations
Erscheinungsdatum: Oct 21, 2024
Publisher: Encyclopaedia Britannica

[s88] - https://physicsforidiots.com/physics/thermodynamics/
Titel: Thermodynamics
von: Physics For Idiots
Webseite: physicsforidiots.com

[s89] - https://www.schoolofpe.com/blog/2017/02/principles-of-thermodynamics-for-engineering-applications.html
Titel: Principles of Thermodynamics for Engineering Applications
von: School of PE
Erscheinungsdatum: 2017-02-27
Webseite: School of PE

[s90] - https://openstax.org/books/physics/pages/12-3-second-law-of-thermodynamics-entropy
Autor: Paul Peter Urone, Roger Hinrichs
von: OpenStax
Webseite: OpenStax
Titel: Second Law of Thermodynamics: Entropy
Erscheinungsdatum: Mar 26, 2020
Publisher: OpenStax

[s91] - https://writings.stephenwolfram.com/2023/02/computational-foundations-for-the-second-law-of-thermodynamics/
Autor: Stephen Wolfram
von: Wolfram Research
Webseite: Writings by Stephen Wolfram
Titel: Computational Foundations for the Second Law of Thermodynamics
Erscheinungsdatum: February 3, 2023

[s92] - https://www.grc.nasa.gov/www/k-12/airplane/thermo.html
Autor: Nancy Hall
von: NASA
Webseite: NASA Glenn Research Center
Titel: Thermodynamics
Erscheinungsdatum: May 13 2021

[s93] - https://www.chadsprep.com/chads-general-chemistry-videos/3-laws-of-thermodynamics-definition/
Titel: The Laws of Thermodynamics
von: Chads Prep
Webseite: Chads Prep

[s94]
https://chem.libretexts.org/Bookshelves/Physical_and_Theoretical_Chemistry_Textbook_Maps/Supplemental_Modules_(Physical_and_Theoretical_Chemistry)/Thermodynamics/Energies_and_Potentials/Differential_Forms_of_Fundamental_Equations
Autor: Andreana Rosnik
von: LibreTexts
Webseite: LibreTexts
Titel: Differential Forms of Fundamental Equations
Erscheinungsdatum: Mon, 30 Jan 2023 07:05:24 GMT

[s95] - https://engineering.wayne.edu/mechanical/pdfs/thermodynamic-_tables-updated.pdf
Titel: Thermodynamic Tables
von: Wayne State University
Webseite: Wayne State University Engineering

[s96] - https://alevelchemistry.co.uk/notes/enthalpy-and-entropy/
Titel: Enthalpy and Entropy
von: A Level Chemistry
Webseite: alevelchemistry.co.uk

[s97] - https://www.albert.io/blog/enthalpy-vs-entropy-ap-chemistry-crash-course-review/
Autor: The Albert Team
von: Learn By Doing, Inc.
Webseite: Albert.io
Titel: Enthalpy vs. Entropy: AP Chemistry Crash Course Review
Erscheinungsdatum: March 1, 2022

[s98] - https://pubmed.ncbi.nlm.nih.gov/38808964/
Autor: Thomas W Redvanly, Gary J Pielak
Erscheinungsdatum: 2024-06
Publisher: The Protein Society
Titel: Quantitative entropy-enthalpy compensation in intraprotein interactions from model compound data
Webseite: PubMed

[s99] - https://pmc.ncbi.nlm.nih.gov/articles/PMC3674762/
Autor: Kathryn M Armstrong, Francis K Insaidoo, Brian M Baker
von: University of Notre Dame
Webseite: PMC
Titel: Thermodynamics of T cell receptor peptideMHC interactions: progress and opportunities
Erscheinungsdatum: 2013-06-06
Publisher: J Mol Recognit

[s100] - https://scholar.harvard.edu/files/schwartz/files/9-phases.pdf
Autor: Matthew Schwartz
Erscheinungsdatum: Spring 2019
Titel: Lecture 9: Phase Transitions
Webseite: Harvard University

[s101] - https://scoollab.web.cern.ch/states-of-matter
Titel: States of Matter Phase Transitions
von: CERN
Webseite: scoollab.web.cern.ch

[s102] - https://opentextbc.ca/introductorychemistry/chapter/phase-transitions-melting-boiling-and-subliming/
Autor: Jessie A. Key
von: BCcampus Open Education
Titel: Phase Transitions: Melting, Boiling, and Subliming
Webseite: Open Text BC

[s103] - https://www2.physics.ox.ac.uk/sites/default/files/2011-10-04/crystalstructure_handout10_pdf_19544.pdf
Titel: Lecture 10 Phase transitions
von: University of Oxford
Webseite: University of Oxford Physics Department

[s104] - https://www.britannica.com/science/phase-state-of-matter
Autor: Simeon Potter, Ernest G. Ehlers
von: Encyclopaedia Britannica
Publisher: Encyclopaedia Britannica
Titel: Phase | Definition Facts
Webseite: Britannica

[s105] - https://tbiomed.biomedcentral.com/articles/10.1186/1742-4682-8-30
Autor: Paul CW Davies, Lloyd Demetrius, Jack A Tuszynski **Titel:** Cancer as a dynamical phase transition
Erscheinungsdatum: 25 August 2011 **Webseite:** Theoretical Biology and Medical Modelling
Publisher: BioMed Central

[s106]
https://chem.libretexts.org/Bookshelves/General_Chemistry/ChemPRIME_(Moore_et_al.)/11%3A_Reactions_in_Aqueous_Solutions/11.02%3A_Ions_in_Solution_(Electrolytes)
Autor: Ed Vitz, John W. Moore, Justin Shorb, Xavier Prat-Resina, Tim Wendorff, Adam Hahn **Titel:** 11.2: Ions in Solution (Electrolytes)
von: ChemPRIME **Erscheinungsdatum:** Sun, 16 Jul 2023 21:58:38 GMT
Webseite: Chem LibreTexts

[s107] - https://www.nature.com/articles/s41467-022-32794-z
Autor: Guinevere A. Giffin **Titel:** The role of concentration in electrolyte solutions for non-aqueous lithium-based batteries
Erscheinungsdatum: 06 September 2022 **Webseite:** Nature Communications
Publisher: Nature

[s108] - https://www.nature.com/articles/s42004-023-00993-4
Autor: Hilal Al-Salih, Elena A. Baranova, Yaser Abu-Lebdeh **Titel:** Unraveling the phase diagram-ion transport relationship in aqueous electrolyte solutions and correlating conductivity with concentration and temperature by semi-empirical modeling
von: Nature Communications Chemistry **Erscheinungsdatum:** 12 September 2023
Webseite: nature.com **Publisher:** Nature Publishing Group

[s109] - https://www.ncbi.nlm.nih.gov/pmc/articles/PMC10112391/
Autor: Deyang Yu, Diego Troya, Andrew G Korovich, Joshua E Bostwick, Ralph H Colby, Louis A Madsen **Titel:** Uncorrelated Lithium-Ion Hopping in a Dynamic SolventAnion Network
von: Virginia Polytechnic Institute and State University, Pennsylvania State University **Erscheinungsdatum:** 2023 Mar 28
Webseite: NCBI **Publisher:** American Chemical Society

[s110] - https://pubs.rsc.org/en/content/articlehtml/2018/cp/c8cp01485j
Autor: K. Oldiges, D. Diddens, M. Ebrahiminia, J. B. Hooper, I. Cekic-Laskovic, A. Heuer, D. Bedrov, M. Winter, G. Brunklaus **Titel:** Understanding transport mechanisms in ionic liquidcarbonate solvent electrolyte blends
von: Forschungszentrum Jlich GmbH **Erscheinungsdatum:** 6th June 2018
Webseite: Royal Society of Chemistry **Publisher:** Phys. Chem. Chem. Phys.

[s111] - https://pubmed.ncbi.nlm.nih.gov/32235854/
Autor: Vasileios Balos, Sho Imoto, Roland R Netz, Mischa Bonn, Douwe Jan Bonthuis, Yuki Nagata, Johannes Hunger **Titel:** Macroscopic conductivity of aqueous electrolyte solutions scales with ultrafast microscopic ion motions
von: Max Planck Institute for Polymer Research, Freie Universitt Berlin, Graz University of Technology **Erscheinungsdatum:** 2020-03-31
Webseite: PubMed **Publisher:** Nature Communications

[s112]
https://chem.libretexts.org/Bookshelves/Analytical_Chemistry/Supplemental_Modules_(Analytical_Chemistry)/Electrochemistry/Electrolytic_Cells
Autor: Jasmine Briones **Titel:** Electrolytic Cells
von: UC Davis **Erscheinungsdatum:** Tue, 29 Aug 2023 08:52:21 GMT
Webseite: LibreTexts

[s113] - https://ibalchemy.com/9-2/
Titel: IB Chem Notes for New 2016 Syllabus **von:** IB Alchemy
Webseite: ibalchemy.com

[s114] - https://openstax.org/books/chemistry-2e/pages/17-2-galvanic-cells
Titel: Galvanic Cells **von:** OpenStax
Webseite: OpenStax

[s115] - https://psu.pb.unizin.org/chem112maluz4/chapter/17-2-galvanic-cells/
Titel: 17.2 Galvanic Cells **von:** Rice University
Erscheinungsdatum: 2016 **Webseite:** Penn State University Pressbooks

[s116] - https://www.chem.tamu.edu/class/fyp/mcquest/ch21.html
Titel: Electrochemistry Examples of Multiple Choice Questions **von:** Texas AM University
Webseite: chem.tamu.edu

[s117] - https://xlink.rsc.org/?doi=D3EE03121G&newsite=1
Autor: Yakun Wang, Yeqing Ling, Bin Wang, Guowei Zhai, Guangming Yang, Zongping Shao, Rui Xiao, Tao Li **Titel:** A review of progress in proton ceramic electrochemical cells: material and structural design, coupled with value-added chemical production
von: Royal Society of Chemistry **Erscheinungsdatum:** 31 Oct 2023
Webseite: rsc.org **Publisher:** Royal Society of Chemistry

[s118] - https://electrochemistry.uoregon.edu/
Titel: Oregon Center for Electrochemistry **von:** University of Oregon
Webseite: Oregon Center for Electrochemistry

[s119] - https://benthamopen.com/contents/pdf/RPTCS/RPTCS-2-34.pdf
Autor: Fei Kuang, Jinna Zhang, Changjun Zou, Taihe Shi, Yang Wang, Shihong Zhang, Haiying Xu **Titel:** Electrochemical Methods for Corrosion Monitoring: A Survey of Recent Patents
von: Southwest Petroleum University, Xian Shaangu Power Co. Ltd., Sichuan Central Inspection Technology Co., Ltd. **Erscheinungsdatum:** 2010
Webseite: Bentham Open **Publisher:** Bentham Open

[s120] - https://link.springer.com/book/10.1007/978-1-4684-8845-6
Autor: Samuel A. Bradford **Titel:** Corrosion Control
von: Springer **Erscheinungsdatum:** 1993
Webseite: Springer

[s121] - https://www.gamry.com/assets/Uploads/Electrochemical-Corrosion-Measurements.pdf
Autor: Dr David Loveday **Titel:** Electrochemical Corrosion Rate Measurement A Comparison
von: Gamry Instruments **Webseite:** www.gamry.com

[s122] - https://www.britannica.com/science/corrosion
Autor: The Editors of Encyclopaedia Britannica **Titel:** Corrosion
von: Encyclopaedia Britannica, Inc. **Erscheinungsdatum:** Dec 4, 2024
Webseite: Encyclopaedia Britannica **Publisher:** Encyclopaedia Britannica, Inc.

[s123] - https://electrochemistry.uoregon.edu/
Titel: Oregon Center for Electrochemistry **von:** University of Oregon
Webseite: Oregon Center for Electrochemistry

[s124] - https://efcweb.org/efcweb2019_media/Documents/Events/Inhibitors+Course+Flyer_final-p-1606.pdf
Titel: Intensive Course on Corrosion and Scale **von:** IFINKOR Institut fr Instandhaltung und Korrosionsschutztechnik gGmbH
Inhibition
Erscheinungsdatum:2021-11-01 **Webseite:** www.ifinkor.de

[s125] - https://www.biologic.net/topics/what-is-a-potentiostat-how-potentiostats-work-and-their-use-in-science-and-industry/
Autor: Bernard Chabrol **Titel:** What is a potentiostat and its use in Science Industry (Electrochemistry Basics Series)
Webseite: BioLogic Learning Center **Erscheinungsdatum:**2022-09-02
Publisher: BioLogic

[s126] - https://www.ijmerr.com/uploadfile/2018/0613/20180613053053402.pdf
Autor: A. M. Taher **Titel:** Evaluating Corrosion and Passivation by Electrochemical Techniques
von: Al Gharbi University **Erscheinungsdatum:**March 2018
Webseite: International Journal of Mechanical Engineering and Robotics Research

[s127] - https://guides.hostos.cuny.edu/che120
Autor: Nelson Nuez-Rodriguez **Titel:** CHE 120 - Introduction to Organic Chemistry - Textbook
von: Hostos Community College **Webseite:** Hostos Community College Library

[s128]
https://chem.libretexts.org/Bookshelves/Introductory_Chemistry/Chemistry_for_Changing_Times_(Hill_and_McCreary)/09%3A_Organic_Chemistry/9.02%3A_Aliphatic_Hydrocarbons
Autor: Hill and McCreary **Titel:** 9.1: Aliphatic Hydrocarbons
von: LibreTexts **Erscheinungsdatum:**2022-08-10
Webseite: LibreTexts

[s129]
https://chem.libretexts.org/Courses/Heartland_Community_College/HCC%3A_Chem_162/22%3A_An_Introduction_to_Organic_Chemistry/22.2%3A_Alkanes%2C_Cycloalkanes%2C_Alkenes%2C_Alkynes%2C_and_Aromatics
Titel: 22.2: Alkanes, Cycloalkanes, Alkenes, Alkynes,**von:** LibreTexts
and Aromatics
Erscheinungsdatum:2019-06-05 **Webseite:** LibreTexts

[s130] - https://www2.chemistry.msu.edu/faculty/reusch/virttxtjml/nomen1.htm
Autor: Dave Woodcock **Titel:** Nomenclature of Organic Compounds
von: Michigan State University **Webseite:** Michigan State University Chemistry Department

[s131] - https://courses.lumenlearning.com/suny-monroecc-orgbiochemistry/chapter/12-9-cycloalkanes/
Titel: 12.9 Cycloalkanes **von:** Saylor Academy
Webseite: Lumen Learning

[s132] - https://saylordotorg.github.io/text_the-basics-of-general-organic-and-biological-chemistry/
Titel: The Basics of General, Organic, and Biological**von:** Saylor Academy
Chemistry
Webseite: Saylor Academy

[s133] - https://ecatalog.macomb.edu/preview_course_nopop.php?catoid=21&coid=19779
Titel: CHEM 1060 - Introduction to Organic Chemistry**von:** Macomb Community College
Biochemistry
Erscheinungsdatum: Dec 18, 2024 **Webseite:** Macomb Community College

[s134] - https://guides.hostos.cuny.edu/che120
Autor: Nelson Nuez-Rodriguez **Titel:** CHE 120 - Introduction to Organic Chemistry - Textbook
von: Hostos Community College **Webseite:** Hostos Community College Library

[s135] - https://www2.chemistry.msu.edu/faculty/reusch/virttxtjml/nomen1.htm
Autor: Dave Woodcock **Titel:** Nomenclature: Naming Organic Compounds
von: Michigan State University **Webseite:** Michigan State University Chemistry Department

[s136] - https://ecampusontario.pressbooks.pub/orgbiochemsupplement/part/chapter-22/
Autor: Gregory Anderson; Jen Booth; Caryn Fahey;**Titel:** Chapter 22: Alkenes, Alkynes and Aromatics
Adrienne Richards; Samantha Sullivan Sauer;
David Wegman
von: Pressbooks **Erscheinungsdatum:**2024
Webseite: Ecampus Ontario **Publisher:** Organic and Biochemistry Supplement to Enhanced Introductory College Chemistry

[s137] - https://www.latinhire.com/a-guide-for-online-chemistry-tutors-to-help-their-students-master-simple-hydrocarbons/
Autor: Ellier Leng **Titel:** A Guide for Online Chemistry Tutors To Help Their Students Master Simple Hydrocarbons
von: LatinHire **Erscheinungsdatum:**July 15, 2024
Webseite: LatinHire

[s138]
https://chem.libretexts.org/Bookshelves/Introductory_Chemistry/Chemistry_for_Changing_Times_(Hill_and_McCreary)/09%3A_Organic_Chemistry/9.02%3A_Aliphatic_Hydrocarbons
Autor: Hill and McCreary **Titel:** 9.1: Aliphatic Hydrocarbons
von: LibreTexts **Erscheinungsdatum:**2022-08-10
Webseite: LibreTexts

[s139] - https://www.masterorganicchemistry.com/2014/01/29/synthesis-5-reactions-of-alkynes/
Autor: James Ashenhurst **Titel:** Synthesis (5) Reactions of Alkynes
von: Master Organic Chemistry **Erscheinungsdatum:**November 15th, 2022
Webseite: Master Organic Chemistry

[s140] - https://guides.hostos.cuny.edu/che120
Autor: Nelson Nuez-Rodriguez **Titel:** CHE 120 - Introduction to Organic Chemistry - Textbook
von: Hostos Community College **Webseite:** Hostos Community College Library

[s141]
https://chem.libretexts.org/Bookshelves/Organic_Chemistry/Book%3A_Organic_Chemistry_-_A_Carbonyl_Early_Approach_(McMichael)/01%3A_Chapters/1.30%3A_Aromatic_Compounds
Autor: Kirk McMichael **Titel:** 1.30: Aromatic Compounds
von: Chemistry LibreTexts **Erscheinungsdatum:**Mon, 12 Sep 2022 19:17:14 GMT
Webseite: Chem LibreTexts

[s142] - https://www.openaccessjournals.com/articles/aromatic-compounds-understanding-the-fragrant-world-of-organic-chemistry.pdf
Autor: Dr. Yohei Yasuda **Titel:** Aromatic Compounds: Understanding the Fragrant World of Organic Chemistry
Erscheinungsdatum:30-June-2023 **Webseite:** Open Access Journals
Publisher: Journal of Medicinal and Organic Chemistry

[s143] - https://ecampusontario.pressbooks.pub/orgbiochemsupplement/chapter/aromatic-compounds-structure/
Autor: Gregory Anderson; Caryn Fahey; Adrienne **Titel:** Organic and Biochemistry Supplement to Enhanced Introductory College Chemistry
Richards; Samantha Sullivan Sauer; David
Wegman; Jen Booth
von: Pressbooks **Erscheinungsdatum:**2024
Webseite: eCampusOntario

[s144] - https://www.britannica.com/science/hydrocarbon
Titel: Hydrocarbon | Definition, Types, Facts | **von:** Encyclopaedia Britannica, Inc.
Webseite: Britannica | **Publisher:** Encyclopaedia Britannica, Inc.

[s145] - https://www.uou.ac.in/lecturenotes/science/MSCCH-17/CHEMISTRY%20LN%201%20STERIOCHEMISTRY.pdf
Autor: Dr. Shalini Singh | **Titel:** Lecture Note -1 Organic Chemistry CHE 502 Stereochemistry- I
von: Uttarakhand Open University | **Webseite:** Uttarakhand Open University

[s146] - https://chem.libretexts.org/Bookshelves/Organic_Chemistry/Supplemental_Modules_(Organic_Chemistry)/Chirality/Chirality_and_Stereoisomers
Autor: Dan Chong, Jonathan Mooney | **Titel:** Chirality and Stereoisomers
von: LibreTexts | **Erscheinungsdatum:** Mon, 23 Jan 2023 07:35:11 GMT
Webseite: LibreTexts

[s147] - https://kpu.pressbooks.pub/organicchemistry/chapter/5-3-chirality/
Titel: Chapter 5: Stereochemistry | **von:** KPU Pressbooks
Webseite: KPU Pressbooks

[s148] - https://chem.libretexts.org/Bookshelves/Organic_Chemistry/Supplemental_Modules_(Organic_Chemistry)/Fundamentals/Structure_of_Organic_Molecules/The_E-Z_system_for_naming_alkenes
Autor: Robert Bruner | **Titel:** The E-Z system for naming alkenes
von: LibreTexts | **Erscheinungsdatum:** Mon, 23 Jan 2023 07:37:08 GMT
Webseite: Chem LibreTexts

[s149] - https://kpu.pressbooks.pub/organicchemistry/chapter/2-4-naming-of-organic-compounds-with-functional-groups/
Autor: Xin Liu | **Titel:** IUPAC Naming of Organic Compounds with Functional Groups
von: Pressbooks | **Erscheinungsdatum:** 2021
Webseite: KPU Pressbooks

[s150] - https://courses.lumenlearning.com/suny-potsdam-organicchemistry/
Titel: Organic Chemistry 1: An open textbook | **von:** Lumen Learning
Webseite: Lumen Learning

[s151] - https://publications.iupac.org/pac/1976/pdf/4501x0011.pdf
Autor: L. C. Cross, W. Klyne | **Titel:** Rules for the Nomenclature of Organic Chemistry Section E: Stereochemistry (Recommendations 1974)
von: INTERNATIONAL UNION OF PURE AND APPLIED CHEMISTRY | **Erscheinungsdatum:** 1976
Publisher: Pergamon Press

[s152] - https://www.masterorganicchemistry.com/2010/10/06/functional-groups-organic-chemistry/
Autor: James Ashenhurst | **Titel:** Meet the (Most Important) Functional Groups
von: Master Organic Chemistry | **Erscheinungsdatum:** August 25th, 2023
Webseite: Master Organic Chemistry

[s153] - https://catalogs.nmsu.edu/nmsu/course-listings/chem/chem.pdf
Titel: Course Listings for Chemistry | **von:** New Mexico State University
Webseite: New Mexico State University Catalog

[s154] - https://www.masterorganicchemistry.com/2014/09/17/alcohols-1-nomenclature-and-properties/
Autor: James Ashenhurst | **Titel:** Alcohols Nomenclature and Properties
von: Master Organic Chemistry | **Erscheinungsdatum:** 2014-09-17
Webseite: Master Organic Chemistry

[s155] - https://guides.hostos.cuny.edu/che120/chapter2
Autor: Nelson Nuez-Rodriguez | **Titel:** CHE 120 - Introduction to Organic Chemistry - Textbook Chapter 2 - Alcohols, Phenols, Thiols, Ethers
von: Hostos Community College | **Webseite:** Hostos Community College Library

[s156] - https://www.britannica.com/science/ether-chemical-compound
Autor: Leroy G. Wade | **Titel:** Ether | Chemical Structure Properties
von: Encyclopaedia Britannica | **Erscheinungsdatum:** Nov 29, 2024
Webseite: Britannica | **Publisher:** Encyclopaedia Britannica

[s157] - https://catalog.pima.edu/preview_course_nopop.php?catoid=3&coid=4391
Titel: 2021-2022 College Catalog | **von:** Pima Community College
Erscheinungsdatum: Dec 18, 2024 | **Webseite:** Pima Community College

[s158] - https://chem.libretexts.org/Bookshelves/Organic_Chemistry
Titel: Organic Chemistry | **von:** LibreTexts
Webseite: LibreTexts

[s159] - https://www.masterorganicchemistry.com/2010/10/06/functional-groups-organic-chemistry/
Autor: James Ashenhurst | **Titel:** Meet the (Most Important) Functional Groups
von: Master Organic Chemistry | **Erscheinungsdatum:** August 25th, 2023
Webseite: Master Organic Chemistry

[s160] - https://chem.libretexts.org/Bookshelves/Organic_Chemistry/Supplemental_Modules_(Organic_Chemistry)/Aldehydes_and_Ketones/Nomenclature_of_Aldehydes_and_Ketones
Autor: Prof. Steven Farmer | **Titel:** Nomenclature of Aldehydes Ketones
von: LibreTexts | **Erscheinungsdatum:** Sat, 28 Jan 2023 22:35:08 GMT
Webseite: Chem LibreTexts

[s161] - https://www.masterorganicchemistry.com/2018/01/29/ortho-para-and-meta-directors-in-electrophilic-aromatic-substitution/
Autor: James Ashenhurst | **Titel:** Ortho-, Para- and Meta- Directors in Electrophilic Aromatic Substitution
von: Master Organic Chemistry | **Erscheinungsdatum:** October 24, 2024
Webseite: Master Organic Chemistry

[s162] - https://guides.hostos.cuny.edu/che120/chapter3
Autor: Nelson Nuez-Rodriguez | **Titel:** CHE 120 - Introduction to Organic Chemistry - Textbook Chapter 3 - Aldehydes, Ketones
von: Hostos Community College | **Webseite:** Hostos Community College Library

[s163] - https://www.utdallas.edu/~scortes/ochem/OChem_Lab1/recit_notes/ir_presentation.pdf
Autor: Dr. Cortes | **Titel:** Infrared Spectroscopy (IR) Theory and Interpretation of IR Spectra
von: University of Texas at Dallas | **Webseite:** University of Texas at Dallas

[s164] - https://www.organic-chemistry.org/protectivegroups/carbonyl/1,3-dithiolanes.htm
Autor: T. W. Green, P. G. M. Wuts | **Titel:** 1,3-Dithianes, 1,3-Dithiolanes
von: Organic Chemistry Portal | **Erscheinungsdatum:** 1999
Webseite: Organic Chemistry Portal | **Publisher:** Wiley-Interscience

[s165]
https://courses.lumenlearning.com/suny-monroecc-orgbiochemistry/chapter/functional-groups-of-the-carboxylic-acids-and-their-derivatives/
Autor: Saylor Academy   Titel: Functional Groups of the Carboxylic Acids and Their Derivatives
Webseite: Lumen Learning

[s166]
https://chem.libretexts.org/Bookshelves/Organic_Chemistry/Organic_Chemistry_(Morsch_et_al.)/03%3A_Organic_Compounds-_Alkanes_and_Their_Stereochemistry/3.01%3A_Functional_Groups
Autor: Layne Morsch, Steven Farmer, Dietmar Kennepohl, Krista Cunningham, Tim Soderberg   Titel: 3: Organic Compounds- Alkanes and Their Stereochemistry
von: Chem LibreTexts   Webseite: Chem LibreTexts

[s167] - https://kpu.pressbooks.pub/organicchemistry/chapter/2-4-naming-of-organic-compounds-with-functional-groups/
Autor: Xin Liu   Titel: IUPAC Naming of Organic Compounds with Functional Groups
von: Pressbooks   Erscheinungsdatum: 2021
Webseite: KPU Pressbooks

[s168]
https://chem.libretexts.org/Bookshelves/Organic_Chemistry/Supplemental_Modules_(Organic_Chemistry)/Carboxylic_Acids/Nomenclature_of_Carboxylic_Acids
Autor: William Reusch   Titel: Nomenclature of Carboxylic Acids
von: Chemistry LibreTexts   Erscheinungsdatum: Mon, 23 Jan 2023 07:35:18 GMT
Webseite: Chem LibreTexts

[s169] - https://www2.chemistry.msu.edu/faculty/reusch/virttxtjml/crbacid1.htm
Autor: William Reusch   Titel: Carboxylic Acids
Erscheinungsdatum: 05052013   Webseite: Michigan State University

[s170] - https://www.masterorganicchemistry.com/2010/10/06/functional-groups-organic-chemistry/
Autor: James Ashenhurst   Titel: Meet the (Most Important) Functional Groups
von: Master Organic Chemistry   Erscheinungsdatum: August 25th, 2023
Webseite: Master Organic Chemistry

[s171] - https://courses.vccs.edu/colleges/svcc/courses/CHM242-OrganicChemistryII/detail
Titel: Organic Chemistry II - CHM 242   von: Southside Virginia Community College
Erscheinungsdatum: 2020-05-01   Webseite: Virginia Community College System

[s172] - https://catalog.pima.edu/preview_course_nopop.php?catoid=3&coid=4391
Titel: 2021-2022 College Catalog   von: Pima Community College
Erscheinungsdatum: Dec 18, 2024   Webseite: Pima Community College

[s173] - https://openstax.org/books/chemistry-2e/pages/20-4-amines-and-amides
Autor: Paul Flowers, Klaus Theopold, Richard Langley, William R. Robinson, PhD   Titel: Chemistry 2e
von: OpenStax   Erscheinungsdatum: Feb 14, 2019
Webseite: OpenStax   Publisher: OpenStax

[s174] - https://www.masterorganicchemistry.com/2010/10/06/functional-groups-organic-chemistry/
Autor: James Ashenhurst   Titel: Meet the (Most Important) Functional Groups
von: Master Organic Chemistry   Erscheinungsdatum: August 25th, 2023
Webseite: Master Organic Chemistry

[s175]
https://sc.edu/about/offices_and_divisions/provost/academicpriorities/undergradstudies/carolinacore/courses/carolinacoresyllabi/chem102.pdf
Titel: CHEMISTRY 102 FUNDAMENTAL CHEMISTRY II   von: University of South Carolina
Webseite: University of South Carolina

[s176]
https://chem.libretexts.org/Bookshelves/Introductory_Chemistry/Chemistry_for_Allied_Health_(Soult)/04%3A_Structure_and_Function/4.04%3A_Functional_Groups
Autor: Allison Soult, Ph.D.   Titel: 4.4: Functional Groups
von: University of Kentucky   Erscheinungsdatum: Mon, 10 Jun 2019 04:51:17 GMT
Webseite: LibreTexts

[s177] - https://www.pcc.edu/ccog/ch/106/
Titel: CCOG for CH 106 Allied Health Chemistry III   von: Portland Community College
Erscheinungsdatum: Winter 2025   Webseite: Portland Community College

[s178] - https://ung.si/en/schools/school-for-viticulture-and-enology/programmes/1VV/2021/1VV114/2021/
Titel: Organic Chemistry in Viticulture and Enology   von: University of Nova Gorica
Webseite: University of Nova Gorica

[s179] - https://www.sathyabama.ac.in/sites/default/files/course-material/2020-10/note_1456404597.pdf
Titel: SBT1102 - Biochemistry   von: Sathyabama University
Webseite: Sathyabama University

[s180] - https://www.britannica.com/science/carbohydrate
Titel: Carbohydrate   von: Encyclopaedia Britannica, Inc.
Webseite: Britannica

[s181] - https://pubmed.ncbi.nlm.nih.gov/29083823/
Autor: Julie E. Holesh, Sanah Aslam, Andrew Martin   Titel: Physiology, Carbohydrates
von: StatPearls Publishing   Erscheinungsdatum: 2024-01
Webseite: StatPearls [Internet]   Publisher: StatPearls Publishing LLC

[s182] - https://www.masterorganicchemistry.com/2018/02/19/the-big-damn-post-of-sugar-nomenclature/
Autor: James Ashenhurst   Titel: The Big Damn Post Of Carbohydrate-Related Chemistry Definitions
von: Master Organic Chemistry   Erscheinungsdatum: September 19, 2022
Webseite: Master Organic Chemistry

[s183]
https://chem.libretexts.org/Bookshelves/Organic_Chemistry/Map%3A_Organic_Chemistry_(Smith)/05%3A_Stereochemistry/5.01%3A_Starch_and_Cellulose
Autor: Steve Farmer   Titel: 5.1: Starch and Cellulose
von: LibreTexts   Erscheinungsdatum: Sun, 08 Sep 2024 00:01:35 GMT
Webseite: Chem LibreTexts

[s184] - https://www.nku.edu/~whitsonma/Bio150LSite/Lab%203%20Organic/Bio150LRevMolec.html
Autor: M. Whitson   Titel: Organic Molecules
von: Northern Kentucky University   Webseite: Northern Kentucky University

[s185] - https://www.ncbi.nlm.nih.gov/books/NBK459280/
Autor: Julie E. Holesh; Sanah Aslam; Andrew Martin   Titel: Physiology, Carbohydrates
von: StatPearls Publishing   Erscheinungsdatum: 2024 Jan-
Webseite: NCBI   Publisher: National Library of Medicine, National Institutes of Health

[s186] - https://courses.lumenlearning.com/wm-biology1/chapter/reading-types-of-carbohydrates/
Titel: Structure and Function of Carbohydrates   von: Lumen Learning
Webseite: Lumen Learning

[s187] - https://www.britannica.com/science/amino-acid
Titel: Amino acid | Definition, Structure, Facts **von:** Encyclopaedia Britannica, Inc.
Webseite: Britannica

[s188]
https://bio.libretexts.org/Bookshelves/Microbiology/Microbiology_(Boundless)/02%3A_Chemistry/2.05%3A_Organic_Compounds/2.5.04%3A_Amino_Acids
Autor: Delmar Larsen **Titel:** 2.5.4: Amino Acids
von: Boundless **Erscheinungsdatum:** Sat, 23 Nov 2024 19:59:03 GMT
Webseite: LibreTexts

[s189]
https://bio.libretexts.org/Bookshelves/Biochemistry/Fundamentals_of_Biochemistry_(Jakubowski_and_Flatt)/01%3A_Unit_I-_Structure_and_Catalysis/03%3A_Amino_Acids_Peptides_and_Proteins/3.01%3A_Amino_Acids_and_Peptides
Autor: Henry Jakubowski and Patricia Flatt **Titel:** 3: Amino Acids, Peptides, and Proteins
von: College of St. BenedictSt. Johns University and **Erscheinungsdatum:** Sat, 20 Jul 2024 11:19:19 GMT
Western Oregon University
Webseite: LibreTexts

[s190] - https://www.britannica.com/science/amino-acid/Standard-amino-acids
Autor: Michael K. Reddy **Titel:** Standard amino acids
von: Encyclopaedia Britannica **Erscheinungsdatum:** Nov 27, 2024
Webseite: Britannica **Publisher:** Encyclopaedia Britannica

[s191] - https://pubmed.ncbi.nlm.nih.gov/16702333/
Autor: John T Brosnan, Margaret E Brosnan **Titel:** The sulfur-containing amino acids: an overview
Erscheinungsdatum: 2006-06 **Webseite:** PubMed
Publisher: Oxford University Press

[s192] - https://www.ncbi.nlm.nih.gov/books/NBK555990/
Autor: Andrew LaPelusa; Ravi Kaushik **Titel:** Physiology, Proteins
von: StatPearls Publishing **Erscheinungsdatum:** 2024 Jan-
Webseite: NCBI Bookshelf **Publisher:** National Library of Medicine, National Institutes of Health

[s193] - https://www.nature.com/articles/s41392-022-00904-4
Autor: Lei Wang, Nanxi Wang, Wenping Zhang, Xurui **Titel:** Therapeutic peptides: current applications and future directions
Cheng, Zhibin Yan, Gang Shao, Xi Wang, Rui
Wang, Caiyun Fu
von: Nature Publishing Group **Erscheinungsdatum:** 2022-02-14
Webseite: Nature **Publisher:** Signal Transduction and Targeted Therapy

[s194] - https://www.ncbi.nlm.nih.gov/books/NBK26830/
Autor: Alberts B, Johnson A, Lewis J, et al. **Titel:** Molecular Biology of the Cell
von: National Institutes of Health **Erscheinungsdatum:** 2002
Webseite: NCBI **Publisher:** Garland Science

[s195] - https://www.eurekalert.org/news-releases/1006617
Autor: Clovis Ryuichi Nakaie, Mariana Machado Leiva **Titel:** Chemical process makes peptide acquire structure similar to amyloid plaques found in neurodegenerative diseases
Ferreira, Emerson Rodrigo da Silva
von: Fundacao de Amparo a Pesquisa do Estado de **Erscheinungsdatum:** 1-Nov-2023
Sao Paulo
Webseite: EurekAlert! **Publisher:** AAAS

[s196] - https://www.britannica.com/science/lipid
Titel: Lipid | Definition, Structure, Examples, Functions **von:** Encyclopaedia Britannica, Inc.
, Types, Facts
Webseite: Britannica **Publisher:** Encyclopaedia Britannica, Inc.

[s197] - https://mycatalog.txstate.edu/courses/chem/
Titel: Chemistry (CHEM) Courses Catalog 2024-2025 **von:** Texas State University
Webseite: mycatalog.txstate.edu

[s198] - https://bulletin.gwu.edu/courses/chem/
Titel: Chemistry (CHEM) Courses **von:** George Washington University
Webseite: George Washington University Bulletin

[s199] - https://rwu.pressbooks.pub/bio103/chapter/nucleotides-and-nucleic-acids/
Autor: Katherine R. Mattaini **Titel:** Chapter 5. Nucleotides Nucleic Acids
von: Pressbooks **Erscheinungsdatum:** 2020
Webseite: RWU Pressbooks

[s200] - https://www.ncbi.nlm.nih.gov/pmc/articles/PMC9144511/
Autor: Joon-Hwa Lee, Masato Katahira **Titel:** Biophysical Study of the Structure, Dynamics, and Function of Nucleic Acids
von: MDPI **Erscheinungsdatum:** 2022-05-23
Webseite: NCBI **Publisher:** MDPI, Basel, Switzerland

[s201] - https://catalog.utah.edu/departments/MD%20CH/overview
Titel: General Catalog **von:** University of Utah
Webseite: University of Utah

[s202] - https://www.rcsb.org/
von: RCSB PDB **Webseite:** RCSB Protein Data Bank

[s203] - https://chem.tufts.edu/academics/courses
Titel: Courses **von:** Tufts University
Webseite: Tufts University Department of Chemistry

[s204] - https://live-villanova-catalog.cleancatalog.io/department-chemistry-and-biochemistry
Titel: Department of Chemistry and Biochemistry **von:** Villanova University
Webseite: Villanova University

[s205] - https://catalog.uconn.edu/graduate/courses/chem/chem.pdf
Titel: Chemistry (CHEM) Course Catalog **von:** University of Connecticut
Webseite: University of Connecticut Catalog

[s206] - https://catalog.utsa.edu/undergraduate/coursedescriptions/che/
Titel: 2024-26 Undergraduate Catalog - Chemistry **von:** The University of Texas at San Antonio
(CHE) Course Descriptions
Webseite: The University of Texas at San Antonio

[s207] - https://catalog.iit.edu/undergraduate/courses/chem/
Titel: Academic Catalog 2024-2025 **von:** Illinois Institute of Technology
Webseite: Illinois Institute of Technology

[s208] - https://catalog.unk.edu/undergraduate/courses/chem/
Titel: Undergraduate Catalog Chemistry (CHEM) **von:** University of Nebraska at Kearney
Erscheinungsdatum: 2024-2025 **Webseite:** University of Nebraska at Kearney Catalog

[s209] - https://guide.wisc.edu/courses/chem/
Titel: Chemistry (CHEM) Courses **von:** University of WisconsinMadison
Webseite: University of WisconsinMadison Course Guide

[s210] - https://prosep-ltd.com/chromatography/
Titel: Fundamental Principles of Chromatography   von: ProSep Ltd
Webseite: ProSep Ltd

[s211]
https://chem.libretexts.org/Bookshelves/Analytical_Chemistry/Supplemental_Modules_(Analytical_Chemistry)/Instrumentation_and_Analysis/Chromatography/Gas_Chromatography
Titel: Gas Chromatography   von: LibreTexts
Erscheinungsdatum:2023-08-29   Webseite: LibreTexts

[s212] - https://catalog.odu.edu/graduate/sciences/chemistry-biochemistry/chemistry-biochemistry.pdf
Autor: Craig A. Bayse, Chair; Bala Ramjee, GraduateTitel: Chemistry and Biochemistry Graduate Programs
                  Program Director
von: Old Dominion University   Webseite: Old Dominion University

[s213] - https://pmc.ncbi.nlm.nih.gov/articles/PMC3578177/
Autor: Erika L Pfaunmiller, Marie Laura Paulemond,Titel: Affinity monolith chromatography: A review of
                  Courtney M Dupper, David S Hage   principles and recent analytical applications
von: University of Nebraska   Erscheinungsdatum:2013 Mar
Webseite: PMC   Publisher: Anal Bioanal Chem

[s214] - https://kimia.fsm.undip.ac.id/chemical-separation-pemkim/
Autor: Drs. Abdul Haris, Msi; Dr. M. Cholid Djunaidi,Titel: Chemical Separation (Pemkim)
                  MSi; Gunawan, Msi, Ph.D
Webseite: kimia.fsm.undip.ac.id

[s215] - https://catalogue.bethanywv.edu/chemistry
Titel: Chemistry Course Catalogue   von: Bethany College
Webseite: Bethany College Catalogue

[s216] - https://catalog.iit.edu/courses/chem/
Titel: Academic Catalog 2024-2025   von: Illinois Institute of Technology
Webseite: Illinois Institute of Technology

[s217] - https://www.undergradcatalog.registrar.vt.edu/1617/chem.html
Titel: 2016-2017 Undergraduate Course Catalog andvon: Virginia Tech
                  Academic Policies
Webseite: Virginia Tech Undergraduate Catalog

[s218] - https://www.slideshare.net/slideshow/electrochemical-method-of-analysis-31352857/31352857
Autor: Siham Abdallaha   Titel: Electrochemical Method of Analysis
Webseite: SlideShare

[s219] - https://catalogue.surrey.ac.uk/2024-5/module/CHE1044
Autor: FELIPE-SOTELO Monica   Titel: Principles of Analytical Chemistry
von: University of Surrey   Erscheinungsdatum:20245
Webseite: catalogue.surrey.ac.uk

[s220]
https://chem.libretexts.org/Bookshelves/Analytical_Chemistry/Analytical_Chemistry_2.1_(Harvey)/11%3A_Electrochemical_Methods/11.04%3A_Voltammetric_and_Amperometric_Methods
Autor: David Harvey   Titel: 11.4: Voltammetric and Amperometric Methods
von: LibreTexts   Erscheinungsdatum:Wed, 24 Jan 2024 16:18:20 GMT
Webseite: LibreTexts

[s221] - https://catalog.mit.edu/subjects/10/
Autor: B. L. Trout, A. Schulman, E. Schiappa, K. L. J. PrTitel: Chemical Engineering (Course 10)
                  ather, T. Kinney, K. K. Gleason, H. D. Sikes, G. C
                  . Rutledge, P. S. Virk, J.-F. Hamel
von: Massachusetts Institute of Technology   Webseite: MIT Catalog

[s222] - https://jensenlab.mit.edu/
Autor: Klavs F. Jensen   Titel: Jensen Research Group
von: Massachusetts Institute of Technology   Webseite: Jensen Lab
Publisher: MIT Department of Chemical Engineering

[s223] - https://www.seasoasa.ucla.edu/curric-20-21/33-chembio-20-courses.html
Titel: 2020-2021 Chemical and Biomolecular Engivon: University of California, Los Angeles (UCLA)
                  neering Courses
Webseite: UCLA

[s224] - https://www.epa.gov/greenchemistry/basics-green-chemistry
Titel: Basics of Green Chemistry   von: Environmental Protection Agency (EPA)
Erscheinungsdatum:May 2, 2024   Webseite: EPA
Publisher: Environmental Protection Agency (EPA)

[s225] - https://chemrxiv.org/engage/chemrxiv/article-details/66e10886cec5d6c142b9674f
Autor: Ricardo Mathison, Rasha Atwi, Hannah B.Titel: Molecular Processes that Control Adiponitrile
                  McConnell, Emilio Ochoa, Elina Rani, Toshihiro   Electrosynthesis in Near-Electrode Microenvi
                  Akashige, Jason A. Rhr, Andr D. Taylor, Claudia ronments
                  E. Avalos, Eray S. Aydil, Nav Nidhi Rajput, M
                  iguel A. Modestino
von: NYU Tandon School of Engineering   Erscheinungsdatum:2024-09-12
Webseite: ChemRxiv   Publisher: Cambridge Open Engage

[s226] - https://catalog.ku.edu/engineering/chemical-petroleum-engineering/bs-chemical/
Titel: Bachelor of Science in Chemical Engineering von: The University of Kansas
Webseite: The University of Kansas

[s227] - https://news.wisc.edu/new-atomic-scale-understanding-of-catalysis-could-unlock-massive-energy-savings/
Autor: Jason Daley   Titel: New atomic-scale understanding of catalysis
                                                               could unlock massive energy savings
von: University of WisconsinMadison   Erscheinungsdatum:April 6, 2023
Webseite: University of WisconsinMadison News

[s228] - https://www.anl.gov/article/7-things-you-may-not-know-about-catalysis
Autor: Louise Lerner   Titel: 7 things you may not know about catalysis
von: Argonne National Laboratory   Erscheinungsdatum:December 14, 2011
Webseite: Argonne National Laboratory

[s229] - https://pubmed.ncbi.nlm.nih.gov/35254051/
Autor: Jennifer D Lee, Jeffrey B Miller, Anna V Shneidman, Lixin Sun, Jason F Weaver, Joanna Aizenberg, Juergen Biener, J Anibal Boscoboinik, Alexandre C Foucher, Anatoly I Frenkel, Jessi E S van der Hoeven, Boris Kozinsky, Nicholas Marcella, Matthew M Montemore, Hio Tong Ngan, Christopher R OConnor, Cameron J Owen, Dario J Stacchiola, Eric A Stach, Robert J Madix, Philippe Sautet, Cynthia M Friend **Titel:** Dilute Alloys Based on Au, Ag, or Cu for Efficient Catalysis: From Synthesis to Active Sites
von: Harvard University, University of Florida, Lawrence Livermore National Laboratory, Brookhaven National Laboratory, University of Pennsylvania, Stony Brook University, Tulane University, University of California, Los Angeles **Erscheinungsdatum:** 2022-05-11
Webseite: PubMed **Publisher:** American Chemical Society

[s230] - https://people.umass.edu/fcjentoft/teaching.html
Autor: F. C. Jentoft **Titel:** Teaching
von: University of Massachusetts **Webseite:** Jentoft Research Group

[s231] - https://catalog.lehigh.edu/coursesprogramsandcurricula/engineeringandappliedscience/chemicalengineering/chemicalengineering.pdf
Autor: Lehigh University **Titel:** Chemical and Biomolecular Engineering
Webseite: Lehigh University

[s232] - https://catalog.mst.edu/undergraduate/degreeprogramsandcourses/chemicalandbiochemicalengineering/
Titel: Chemical and Biochemical Engineering **von:** Missouri ST
Webseite: Missouri University of Science and Technology

[s233] - https://catalog.ysu.edu/courses/chen/
Titel: Chemical Engineering (CHEN) **von:** Youngstown State University
Erscheinungsdatum: 2024-2025 **Webseite:** Youngstown State University Catalog

[s234] - http://undergrad1.its.fsu.edu/academic_guide/guide-display.php?program=engineering-chemical
Titel: Engineering (Chemical) Academic Program Guide **von:** Florida State University
Webseite: Florida State University

[s235] - https://catalog.mst.edu/undergraduate/courselist/chem-eng/
Titel: Course Catalog - Chemical Engineering (CHEM ENG) **von:** Missouri University of Science and Technology
Webseite: Missouri ST

[s236] - https://engineering.und.edu/academics/chemical/courses.html
Titel: Chemical Engineering Courses **von:** University of North Dakota
Webseite: University of North Dakota

[s237] - https://guide.wisc.edu/courses/cbe/
Titel: Chemical and Biological Engineering (CBE) Courses **von:** University of WisconsinMadison
Webseite: University of WisconsinMadison Course Guide

[s238] - https://www.eolss.net/sample-chapters/c06/e6-11-02-01.pdf
Autor: Davino Gelosa, Andrea Sliepcevich **Titel:** Chemical Laboratory Techniques
von: Politecnico di Milano **Webseite:** Encyclopedia of Life Support Systems (EOLSS)
Publisher: Encyclopedia of Life Support Systems (EOLSS)

[s239] - https://biocyclopedia.com/index/chem_lab_methods/jointed_glassware.php
Titel: Jointed Glassware **von:** Biocyclopedia
Webseite: Biocyclopedia

[s240] - https://www.memphis.edu/stem/pdfs/laboratoryresearchskillssciencemajors.pdf
Titel: LaboratoryResearch Skills for Science Resume **von:** University of Memphis
Webseite: University of Memphis

[s241]
https://www.acs.org/content/dam/acsorg/about/governance/committees/chemicalsafety/publications/acs-safety-guidelines-academic.pdf
Autor: American Chemical Society **Titel:** Guidelines for Chemical Laboratory Safety in Academic Institutions
Erscheinungsdatum: 2016 **Webseite:** American Chemical Society
Publisher: American Chemical Society

[s242] - https://www.brandeis.edu/ehs/labs/
Titel: Laboratory Safety **von:** Brandeis University
Webseite: Brandeis University

[s243] - https://safety.engin.umich.edu/safety-committee-resources/safety-training
Titel: Safety Training Requirements **von:** University of Michigan
Webseite: University of Michigan Engineering **Publisher:** Regents of the University of Michigan

[s244] - https://sc.edu/about/offices_and_divisions/ehs/training/research_laboratory_safety/chemical_and_lab_safety_training/index.php
Titel: Chemical Lab Safety Training **von:** University of South Carolina
Webseite: sc.edu

[s245] - https://ucblueash.edu/content/dam/refresh/blueash-62/documents/academics/academic-departments/chemistry/LabSafetyRules.pdf
Titel: Laboratory Safety Rules **von:** University of Cincinnati Blue Ash College
Webseite: University of Cincinnati Blue Ash College

[s246]
https://www.acs.org/content/dam/acsorg/about/governance/committees/chemicalsafety/publications/acs-safety-guidelines-academic.pdf
Autor: American Chemical Society **Titel:** Guidelines for Chemical Laboratory Safety in Academic Institutions
Erscheinungsdatum: 2016 **Webseite:** American Chemical Society
Publisher: American Chemical Society

[s247] - https://www.ehs.harvard.edu/programs/lab-safety-guidelines-sops
Titel: Lab Safety Guidelines SOPs **von:** Harvard University
Webseite: Harvard Environmental Health Safety

[s248] - https://ehs.msu.edu/training/course-list.html
Titel: Training Course List **von:** Michigan State University
Webseite: Environmental Health Safety

[s249] - https://catalog.wc.edu/chemistry-chem
Titel: Chemistry Course Descriptions **von:** Weatherford College
Webseite: wc.edu

[s250] - https://institute.acs.org/synthetic-organic-chemistry-state-of-the-art.html
Titel: Synthetic Organic Chemistry: State of the Art **von:** ACS Institute
Webseite: ACS Institute

[s251] - https://stahl.chem.wisc.edu/
Autor: Shannon S. Stahl **Titel:** Stahl Research Group
von: University of Wisconsin-Madison **Webseite:** University of Wisconsin-Madison

Bild-Quellen

Informationen zu allen folgenden Bildern

Keines der Bilder wurden verändert, nur die Auflösung wurde angepasst.

Alle Bilder haben weiterhin die ursprängliche Lizenz.

Trotz sorgfältiger Prüfung kann die Richtigkeit und die Zuordnung der Bilder nicht garantiert werden.

Alle verwendeten Bilder wurden gemäß ihrer jeweiligen Lizenzbestimmungen verwendet.

Bei der eBook Version wurden die Bilder zu nummerierten Collagen zusammengestellt.

Alle Bilder wurden final abgerufen und geprüft am 2025-01-01.

Verwendete Lizenzen

CC BY 3.0	https://creativecommons.org/licenses/by/3.0
CC0	http://creativecommons.org/publicdomain/zero/1.0/deed.en
CC BY 4.0	https://creativecommons.org/licenses/by/4.0
CC BY 2.0	https://creativecommons.org/licenses/by/2.0

Bildnachweise

[i1] - 001_001_001_image_pigmente.jpeg
https://upload.wikimedia.org/wikipedia/commons/8/8a/Natural_ultramarine_pigment.jpg
Date: 2014-12-26   von: PolBr
License: Public domain

[i2] - 001_001_001_image_laboratorium.jpeg
https://upload.wikimedia.org/wikipedia/commons/e/e5/Zionist_activities_in_Palestine._The_Hebrew_University._Chemistry_laboratory._LOC_matpc.02659.jpg
Date: between   von: Fae
Künstler: Matson Collection   License: Public domain

[i3] - 001_001_002_image_antoinelaurent_lavoisier.jpeg
https://upload.wikimedia.org/wikipedia/commons/4/4e/David_-_Portrait_of_Monsieur_Lavoisier_and_His_Wife.jpg
Date: 1788   von: CFCF
Künstler: Jacques-Louis David   License: Public domain

[i4] - 001_001_003_image_nanotechnologie.jpeg
https://upload.wikimedia.org/wikipedia/commons/b/b6/Fullerene_Nanogears_-_GPN-2000-001535.jpg
Date: 1997-04-01   von: Materialscientist
Künstler: NASA   License: Public domain

[i5] - 001_001_003_image_kolloidale_gold.jpeg
https://upload.wikimedia.org/wikipedia/commons/6/6b/ColloidalGold_aq.png
Date: 31 January 2008   von: Fibonachi
Künstler: AlphaJuliettPapa   License: CC BY 3.0 (https:creativecommons.orglicensesby3.0)

[i6] - 001_001_003_image_vollsynthetischer_kunststoff.jpeg
https://upload.wikimedia.org/wikipedia/commons/d/d3/Plastic_objects.jpg
Date: 2008-09   von: Cjp24
License: Public domain

[i7] - 001_002_002_image_uebergangsmetalle.jpeg
https://upload.wikimedia.org/wikipedia/commons/7/7f/Transition_Metals_Periodic_table.jpg
Date: 2009-09-18   von: Bruby
License: Public domain

[i8] - 001_002_004_image_kristallgitter.jpeg
https://upload.wikimedia.org/wikipedia/commons/1/13/Carbon_lattice_diamond.png
Date: 2009-11-11   von: YassineMrabet
Künstler: PyMOL   License: Public domain

[i9] - 001_002_004_image_essigsaeure.jpeg
https://upload.wikimedia.org/wikipedia/commons/9/96/Acetic-acid-dissociation-3D-balls.png
Date: 2008-12-04   von: Benjah-bmm27
Künstler: Ben Mills   License: Public domain

[i10] - 001_003_001_image_amylase.jpeg
https://upload.wikimedia.org/wikipedia/commons/6/66/Salivary_alpha-amylase_1SMD.png
Date: 2007-03-09   von: Fvasconcellos
Künstler: Own work.   License: Public domain

[i32] - 003_003_003_image_fettsaeuren.jpeg
https://upload.wikimedia.org/wikipedia/commons/7/7e/Palmitelaidic-acid-3D-balls.png
Date: 2010-08-03 **von:** Jynto
License: Public domain

[i33] - 003_003_003_image_steroidhormone.jpeg
https://upload.wikimedia.org/wikipedia/commons/e/e7/Dihydrotestosterone_molecule_ball.png
Date: 2018-03-25 **von:** Jynto
License: CC0 (http:creativecommons.orgpublicdomai
nzero1.0deed.en)

[i34] - 004_001_002_image_chromatographie.jpeg
https://upload.wikimedia.org/wikipedia/commons/b/b8/Gas_Chromatography_Laboratory_-_%281%29.jpg
Date: 2007-04-28 **von:** Jacopo Werther
Künstler: Hey Paul **License:** CC BY 2.0 (https:creativecommons.orglice
nsesby2.0)

[i35] - 004_003_001_image_kryosysteme.jpeg
https://upload.wikimedia.org/wikipedia/commons/b/b8/Cryogenic_System_at_Gemini_North_Hilo_Base_Facility_%286V7A0565-CC%29.jp
g
Date: 11 July 2022, 14:32 **von:** OptimusPrimeBot
Künstler: International Gemini ObservatoryNOIRLabN**License:** CC BY 4.0 (https:creativecommons.orglice
SFAURAT. Slovinsky nsesby4.0)

[i36] - 004_003_001_image_agarosegelelektrophorese.jpeg
https://upload.wikimedia.org/wikipedia/commons/e/ee/Agarose_gel_electrophoresis_of_DNA.png
Date: 2023-03-17 **von:** Ultrabem
License: CC0 (http:creativecommons.orgpublicdomai
nzero1.0deed.en)

[i37] - 004_003_001_image_mikropipetten.jpeg
https://upload.wikimedia.org/wikipedia/commons/c/cd/Air_displacement_pipettes.jpg
Date: 2007-08-13 **von:** Jacopo Werther
Künstler: R G **License:** CC BY 2.0 (https:creativecommons.orglice
nsesby2.0)